DESENHO TÉCNICO BÁSICO
TEORIA E PRÁTICA

O GEN | Grupo Editorial Nacional – maior plataforma editorial brasileira no segmento científico, técnico e profissional – publica conteúdos nas áreas de ciências exatas, humanas, jurídicas, da saúde e sociais aplicadas, além de prover serviços direcionados à educação continuada e à preparação para concursos.

As editoras que integram o GEN, das mais respeitadas no mercado editorial, construíram catálogos inigualáveis, com obras decisivas para a formação acadêmica e o aperfeiçoamento de várias gerações de profissionais e estudantes, tendo se tornado sinônimo de qualidade e seriedade.

A missão do GEN e dos núcleos de conteúdo que o compõem é prover a melhor informação científica e distribuí-la de maneira flexível e conveniente, a preços justos, gerando benefícios e servindo a autores, docentes, livreiros, funcionários, colaboradores e acionistas.

Nosso comportamento ético incondicional e nossa responsabilidade social e ambiental são reforçados pela natureza educacional de nossa atividade e dão sustentabilidade ao crescimento contínuo e à rentabilidade do grupo.

Coordenação
Nival Nunes de Almeida

DESENHO TÉCNICO BÁSICO
TEORIA E PRÁTICA

José Abrantes
Professor Titular do Instituto de Matemática e Estatística
da Universidade do Estado do Rio de Janeiro (IME/Uerj)
Pós-Doutor em Educação pela Universidade Estadual
de Campinas (Unicamp) e pela Universidade Federal Fluminense (UFF)
Doutor em Engenharia de Produção pelo Instituto Alberto Luiz Coimbra de Pós-Graduação
e Pesquisa em Engenharia da Universidade Federal do Rio de Janeiro (Coppe/UFRJ)
Mestre em Tecnologia pelo Centro Federal de Educação Tecnológica (Cefet-RJ)
Especialista em Docência do Ensino Superior pela Faculdade Béthencourt Silva
do Instituto Superior de Estudos Pedagógicos (Fabes/Isep) e em Educação
Fundamental e Média pela Universidade Cândido Mendes (Ucam)
Engenheiro Mecânico pela Uerj
Licenciado em Desenho e Matemática pela Ucam

Carleones Amarante Filgueiras Filho
Desenhista projetista e especialista em Computação Gráfica
Desenhista técnico pelo Instituto Oberg
Especialista em AutoCad® (Brascep Engenharia),
MicroStation (Petrobras), PDMS (Endpoint Soluções Integradas)
e SmartMarine 3D (Sisgraph/Hexagon)

Os autores e a editora empenharam-se para citar adequadamente e dar o devido crédito a todos os detentores dos direitos autorais de qualquer material utilizado neste livro, dispondo-se a possíveis acertos caso, inadvertidamente, a identificação de algum deles tenha sido omitida.

Não é responsabilidade da editora nem dos autores a ocorrência de eventuais perdas ou danos a pessoas ou bens que tenham origem no uso desta publicação.

Apesar dos melhores esforços dos autores, do editor e dos revisores, é inevitável que surjam erros no texto. Assim, são bem-vindas as comunicações de usuários sobre correções ou sugestões referentes ao conteúdo ou ao nível pedagógico que auxiliem o aprimoramento de edições futuras. Os comentários dos leitores podem ser encaminhados à **LTC — Livros Técnicos e Científicos Editora** pelo e-mail faleconosco@grupogen.com.br.

Direitos exclusivos para a língua portuguesa
Copyright © 2018 by
LTC — Livros Técnicos e Científicos Editora Ltda.
Uma editora integrante do GEN | Grupo Editorial Nacional

Reservados todos os direitos. É proibida a duplicação ou reprodução deste volume, no todo ou em parte, sob quaisquer formas ou por quaisquer meios (eletrônico, mecânico, gravação, fotocópia, distribuição na internet ou outros), sem permissão expressa da editora.

Travessa do Ouvidor, 11
Rio de Janeiro, RJ – CEP 20040-040
Tels.: 21-3543-0770 / 11-5080-0770
Fax: 21-3543-0896
faleconosco@grupogen.com.br
www.grupogen.com.br

Capa: Design Monnerat
Editoração Eletrônica: Edel

CIP-BRASIL. CATALOGAÇÃO NA PUBLICAÇÃO
SINDICATO NACIONAL DOS EDITORES DE LIVROS, RJ

A143d

Abrantes, José
Desenho técnico básico : teoria e prática / José Abrantes ; Carleones Amarante Filgueiras Filho ; coordenação Nival Nunes de Almeida. - 1. ed. - Rio de Janeiro : LTC, 2018.

: il. ; 24 cm.

Inclui bibliografia e índice
ISBN 978-85-216-3569-7

1. Desenho técnico - Estudo e ensino. 2. Engenharia. I. Filgueiras Filho, Carleones Amarante. II. Almeida, Nival Nunes de. III. Título.

18-51401   CDD: 620.0042
                                                       CDU: 62-047.82

Vanessa Mafra Xavier Salgado - Bibliotecária - CRB-7/6644

Apresentação

As políticas públicas na área técnico-científica são efetivas quando atendem às demandas da sociedade. Nesse sentido, os setores governo, empresa e instituições educacionais constituem uma inter-relação fundamental para a produção de bens e serviços por meio de pessoas técnica e socialmente capazes e responsáveis.

Para que técnicos, tecnólogos e engenheiros alcancem resultados desejáveis é preciso uma equipe competente e com conhecimentos técnico-científicos. Esses profissionais devem sempre buscar melhorias para que o projeto implementado seja útil e socialmente sustentável.

Nos dias de hoje somos pressionados a permanentes atualizações; as fronteiras físicas internacionais são atenuadas e podemos nos comunicar mais facilmente; além disso, as bases de dados e conhecimento na rede mundial de computadores geram desafios educacionais, econômicos e sociais de forma impactante.

Uma questão que nos tem estimulado é como preparar as novas gerações de estudantes, bem como apoiar os profissionais em atividade e nossos docentes a estarem aptos, a enfrentar atuais e futuros desafios no exercício de sua cidadania profissional.

Assim, apresentamos este livro, cujo objetivo é, de acordo com as políticas educacionais e industriais, atender a esses desafios, equilibrando questões de aprendizagem do mundo do trabalho e do mundo educacional, materializando os fundamentos técnico-científicos de forma simples e objetiva, e possibilitando ao leitor estar em dia com a arte de saber fazer (*know-how*) e saber o porquê fazer (*know-why*). Portanto, motivados pelos esforços dos últimos anos na esfera governamental, temos a certeza de que a formação de qualidade pode ajudar o país a melhorar a produção de *commodities*, viabilizando e gerando inovações tecnológicas. Teremos, então, um círculo virtuoso dos setores: educacional, governamental e industrial.

Nival Nunes de Almeida
Engenheiro e Doutor em Engenharia Elétrica
Ex-Reitor da Universidade do Estado do Rio de Janeiro (Uerj)

Prefácio

O professor José Abrantes reúne, na presente obra, sua experiência, desde 1970, como técnico, projetista, engenheiro, docente e pesquisador na área de Representação Gráfica.

Esta publicação constitui um acontecimento especial, na medida em que uma ampla comunidade estudantil passa a dispor de um livro com o objetivo de fornecer uma visão prática do Desenho Técnico, ferramenta de trabalho de profissionais de várias áreas.

Este livro apresenta conceitos e conhecimentos teóricos básicos, além de normas e tabelas, de considerável valor para a interpretação e confecção do Desenho Técnico em várias áreas.

Tenho plena convicção de que esta obra deverá ser bem aproveitada por todos os profissionais onde a expressão gráfica esteja presente, especialmente os dos cursos de Arquitetura, Desenho Industrial, Engenharia, Cursos Técnicos Industriais e Escolas Militares, para a formação de sargentos e oficiais especialistas.

Prof. Dr. Eng. Renê Mendes Granado
Professor-Associado do Departamento de Geometria e
Representação Gráfica, do Instituto de Matemática e Estatística (IME),
da Universidade do Estado do Rio de Janeiro (Uerj)

Rio de Janeiro, julho de 2018.

Material Suplementar

Este livro conta com o seguinte material suplementar:

- Ilustrações da obra em formato de apresentação (acesso restrito a docentes).

O acesso ao material suplementar é gratuito. Basta que o leitor se cadastre em nosso *site* (www.grupogen.com.br), faça seu *login* e clique em GEN-IO, no menu superior do lado direito. É rápido e fácil.

Caso haja alguma mudança no sistema ou dificuldade de acesso, entre em contato conosco (gendigital@grupogen.com.br).

GEN-IO (GEN | Informação Online) é o ambiente virtual de aprendizagem do GEN | Grupo Editorial Nacional, maior conglomerado brasileiro de editoras do ramo científico-técnico-profissional, composto por Guanabara Koogan, Santos, Roca, AC Farmacêutica, Forense, Método, Atlas, LTC, E.P.U. e Forense Universitária. Os materiais suplementares ficam disponíveis para acesso durante a vigência das edições atuais dos livros a que eles correspondem.

Sobre os Autores

José Abrantes nasceu no Morro Nova Cintra, no bairro do Catete, Rio de Janeiro, em 1951. Entre 1963 e 1966, cursou o Ginásio Industrial na Escola Técnica Visconde de Mauá (ETEVM), vinculada, atualmente, à rede de ensino da Fundação de Apoio à Escola Técnica (Faetec). Após concluir o curso técnico de Máquinas e Motores, entre 1967 e 1969, no Centro Federal de Educação Tecnológica (Cefet-RJ), trabalhou como desenhista e projetista de tubulações entre 1970 e 1976. Formou-se em Engenharia Mecânica em 1976, na Universidade do Estado do Rio de Janeiro (Uerj). Trabalhou como engenheiro mecânico entre 1977 e 1998, atuando nas etapas de projeto, montagem e manutenção de indústrias químicas, petroquímicas, petrolíferas, farmacêutica e alimentícia. É licenciado em Desenho (2001) e Matemática (2014) pela Universidade Cândido Mendes (Ucam), mestre em tecnologia pelo Cefet-RJ, em 1997, e doutor em Engenharia de Produção pelo Instituto Alberto Luiz Coimbra de Pós-Graduação e Pesquisa em Engenharia da Universidade Federal do Rio de Janeiro (Coppe/UFRJ) em 2001. Tem dois pós-doutorados voltados para a área de Educação: um pela Faculdade de Engenharia Agrícola da Universidade Estadual de Campinas (Feagri/Unicamp) em 2003, e outro pela Universidade Federal Fluminense (UFF) em 2009. Leciona desde 1998 tanto no Ensino Superior, quanto no Fundamental e no Médio. É professor titular ativo do Departamento de Geometria e Representação Gráfica do Instituto de Matemática e Estatística (IME) da Uerj e professor-associado aposentado do Departamento de Matemática e Desenho (DMD) do Colégio de Aplicação da mesma universidade (CAP/Uerj).

Carleones Amarante Filgueiras Filho nasceu em Fortaleza (CE) em 1953. Após curso de especialização em Desenho Técnico pelo Instituto Oberg, começou sua carreira técnica como desenhista de tubulações em 1975, e trabalhou em diversos projetos de indústrias químicas, petroquímicas, petrolíferas e de geração de energia (termoelétricas). Desde 1989 é especialista em computação gráfica, com ênfase em projetos de plataformas *offshore*, em que são utilizados programas como: Autocad® (2D e 3D), MicroStation, PDS, PDMS e SmartMarine 3D. Projetista de instalações industriais, acumula mais de quarenta anos de experiência em projetos de Engenharia.

Sumário

1 Introdução: Quem e Por que se Deve Estudar Desenho Técnico?, 1

1.1   Tudo Começa com uma Ideia ou Projeto! O que É um Desenho Técnico?, 1

1.2   Normas Técnicas Relacionadas e Aplicáveis aos Desenhos Técnicos Projetivos, 2

1.3   Material Básico "Clássico" (ou Analógico!) Usado em Desenhos Técnicos. Formatos, Dobramentos e Detalhes das Folhas de Desenho. Tipos de Grafites Utilizados, 3

    1.3.1 *Formatos Padronizados das Folhas de Desenhos Técnicos, 4*

    1.3.2 *Detalhes do Dobramento Normatizado das Cópias dos Desenhos Técnicos, 6*

    1.3.3 *Tipos de Grafites Usados em Desenhos Técnicos, 8*

1.4   Desenho Geométrico, Geometria Descritiva e Desenho Técnico Projetivo, 8

1.5   Importância do Desenho Técnico à Mão Livre. Esboço, Rascunho ou *Croquis*, 9

    1.5.1 *Procedimentos Básicos para Execução dos Desenhos Técnicos Projetivos à Mão Livre (Esboços, Rascunhos ou* Croquis*), 11*

1.6   Exemplos de Alguns Tipos de Desenhos Técnicos Projetivos e Não Projetivos, 15

1.7   À Mão com Instrumentos Clássicos (Esquadro e Compasso) ou Via Computador? Como Devem Ser Feitos os Desenhos Técnicos? As Inteligências Múltiplas!, 18

    1.7.1 *Programas Comerciais de Computador Usados Profissionalmente em DesenhosTécnicos Projetivos, 21*

    1.7.2 *Projeto e Prototipagem Rápida, 23*

    1.7.3 *Projeto Auxiliado por Computador (CAD), Engenharia Auxiliada por Computador (CAE) e Manufatura Auxiliada por Computador (CAM), 24*

    1.7.4 *Impressão 3D ou Tridimensional (Nova Revolução Industrial?), 24*

2 Desenhando Letras, Números, Símbolos e Linhas, 27

2.1   Letras, Números e Símbolos Matemáticos, 27

2.2   Linhas Utilizadas em Desenhos Técnicos Projetivos, 29

    2.2.1 *Precedência de Linhas ou Prioridade entre Linhas Coincidentes, 34*

    2.2.2 *Cruzamento ou Interseção de Linhas, 34*

3 Desenhando em Escala, 38

3.1   Escala Gráfica, 38

3.2   Escala Numérica (Natural, de Redução e Ampliação). O Escalímetro, 39

xii Sumário

3.3 Uso da Escala na Prática, 42

3.4 Desenho Proporcional para *Croquis* Rascunho ou Esboço à Mão Livre, 43

4 Introdução à Representação Gráfica Espacial (Tridimensional), Usando as Perspectivas: Cônica, Cavaleira, Isométrica, Dimétrica e Trimétrica, 45

4.1 Perspectiva Cônica (Perspectiva Exata), 46

4.2 Perspectiva Cavaleira, 48

4.3 Perspectiva Isométrica, 50

    4.3.1 *Processo para Desenho de uma Circunferência em Perspectiva Isométrica (Gerando uma Elipse)*, 51

4.4 Perspectiva Dimétrica (ou Bimétrica), 55

4.5 Perspectiva Trimétrica (ou Anisométrica), 56

4.6 Comparação entre Tipos de Perspectiva, Considerando o Mesmo Cubo, 57

4.7 Escolha da Perspectiva que Apresenta a Melhor Visão Tridimensional, 57

4.8 Observação sobre Perspectiva (Tridimensional) e Vista Ortográfica (Bidimensional), 58

4.9 Perspectiva de Conjunto de Peças ou "Vista Explodida", 59

5 Origem e Detalhes das Vistas Ortográficas, 61

5.1 Conceito de Projeção, 61

5.2 Método de Monge e Representação Gráfica pelo Desenho Técnico Projetivo, 62

5.3 Terceiro Plano de Projeção ou Plano de Perfil π'' (Pi Duas Linhas). 1º Triedro, 64

5.4 Vistas Ortográficas em Seis Planos (Hexaedro Básico), no 1º Diedro, 71

    5.4.1 *Rotação ou Rebatimento dos Planos do Hexaedro Básico, Considerando o 1º Diedro,* 71

5.5 Rotação ou Rebatimento dos Planos do Hexaedro Básico, Considerando o 3º Diedro, 79

5.6 Exemplos de Alguns Tipos de Concordâncias entre Retas e Curvas e entre Curvas, 88

5.7 Sequência para o Traçado de um Desenho Técnico Projetivo, 88

5.8 Desenho Técnico Projetivo Composto por uma Série de Elementos Geométricos, 93

6 Vistas Auxiliares, Parciais, Deslocadas, Interrompidas e Vistas com Características e Particularidades Especiais, 96

6.1 Vista Auxiliar, 96

6.2 Vista Parcial, 100

6.3 Vistas Deslocadas, 100

6.4 Vista Interrompida, 101

6.5 Rebatimento de Vista (ou Rotação de Detalhes Oblíquos), 101

6.6 Detalhes de Peças com Características Especiais e Representações Convencionais, 103

7 Vistas Secionais. Cortes e Seções. Normas, Recomendações e Detalhes Especiais, 107

7.1 Cortes, 108

7.2 Seções, 110

7.3 Representação Gráfica das Hachuras, 113

7.4 Observações Gerais sobre Cortes, 114

8 Cotagem dos Desenhos Técnicos Projetivos, 117

8.1 Conceitos Básicos e Observações Gerais, 117

8.2 Diâmetros de Círculos e Furos, 120

8.3 Raios de Arcos, Cordas e Retificações, 123

8.4 Cotagem de Ângulos, 124

8.5 Detalhes Especiais, 125

8.6 Cotagem de Perspectivas Isométricas, 126

8.7 Exemplos de Cotagem, Tanto em Perspectivas Quanto em Vistas Ortográficas, 127

9 Introdução ao Desenho Técnico Projetivo Aplicado, 138

Referências, 147

Índice, 149

DESENHO TÉCNICO BÁSICO
TEORIA E PRÁTICA

Introdução: Quem e Por que se Deve Estudar Desenho Técnico?

Quem? Principalmente os seguintes profissionais: mecânicos, pedreiros, eletricistas e mestres de obras, passando pelos técnicos de nível médio (Escolas Técnicas Industriais), pelos militares especialistas (sargentos e oficiais), bem como os tecnólogos e os graduados em Arquitetura, Engenharias e Desenho Industrial (*designer*).

Por quê? Desenho técnico é a linguagem universal de todos que têm que se expressar gráfica e tecnicamente, para executar atividades profissionais de projeto, construção, fabricação, montagem, manutenção e até vendas de máquinas, equipamentos, instrumentos e sistemas de produção (pacotes ou *packages*), nas diversas áreas. O desenho técnico projetivo é multi, inter e trasdisciplinar.

Embora, atualmente, os desenhos técnicos sejam executados via programas de computador, é fundamental conhecer regras, procedimentos e Normas Técnicas (por exemplo, as da ABNT), para que se saiba ler, interpretar e aplicar os desenhos técnicos. É importante citar a importância da habilidade em se desenhar à mão livre, na forma de rascunhos, esboços ou *croquis*, pois todo projeto se inicia de uma ideia e com os primeiros "rabiscos" à mão livre e com grafite sobre papel. Também é importante citar que o estudo e o conhecimento do desenho técnico muito ajudam a desenvolver três tipos de inteligências: a Lógico-Matemática, a Viso-Espacial e a Pictórica (capacidade de se expressar por meio de traços, ou seja, uma linguagem gráfica).

1.1 Tudo Começa com uma Ideia ou Projeto! O que É um Desenho Técnico?

Uma simples faca de cozinha foi idealizada por um projetista industrial, ou *designer*, que, a partir de sua concepção estético-funcional, fez sua representação gráfica, permitindo sua fabricação em uma indústria metalúrgica. É a partir do projeto arquitetônico básico que é gerada uma série de desenhos técnicos, por exemplo, plantas baixas, onde após o cálculo estrutural permite-se a construção de uma casa ou prédio.

Cabe ressaltar que existem desenhos técnicos que não são exatamente projeções cilíndricas de objetos e conjuntos, mas sim esquemas ou diagramas ou fluxogramas ou organogramas, como muitos das áreas de eletricidade, eletrônica, engenharia química e de produção. São chamados, também, de "desenhos técnicos não projetivos".

Um desenho técnico tem como princípio servir para a fabricação de um objeto ou construção de um prédio ou uma instalação, todos gerados a partir de uma ideia, concepção ou projeto. O desenho técnico é uma linguagem gráfica universal.

Por exemplo, um *designer* tem uma ideia para um novo modelo de liquidificador. Inicialmente, ele concebe na sua cabeça a aparência externa e as formas, ou seja, ele mentalmente "vê" o objeto, como se estivesse sonhando. Normalmente, o passo seguinte é fazer um *croquis* ou rascunho à mão livre e a lápis daquilo que está pensando. É a partir desta ideia ou concepção inicial que se inicia o projeto do liquidificador, como um todo, envolvendo profissionais de outras áreas. O projeto de um simples liquidificador gera uma dezena de desenhos técnicos, peça por peça, parte por parte, já que serão fabricadas uma a uma e depois montadas, compondo o conjunto, no caso um liquidificador.

Outro exemplo é o projeto de uma casa, com um só pavimento, com dois quartos, sala, cozinha, dois banheiros e área. Inicialmente, o profissional de arquitetura faz o projeto conceitual, considerando, por exemplo, aspectos sociais, culturais, climáticos e geográficos, de onde a mesma será construída. Uma casa em região de montanha tem uma concepção diferente de outra em região de praia ou no interior de uma cidade com alta população. Uma casa construída em uma comunidade pobre usa materiais e itens diferentes de outra construída em uma área de alto padrão de riqueza. Existem, ainda que poucas, diferenças entre as concepções, materiais e acabamentos.

Após esta concepção inicial e os cálculos de Engenharia Civil, são gerados muitos desenhos técnicos, tais como: planta de situação, planta baixa com cortes e fachadas, desenho de formas, de ferros, desenho do telhado, desenhos de instalações hidráulicas (água e esgoto) e o desenho da instalação elétrica.

A norma ABNT NBR 10647/89 (Terminologia aplicada ao Desenho Técnico) apresenta a seguinte classificação:

O grande objetivo deste livro é apresentar as informações básicas, para que estudantes das áreas de Tecnologia, Engenharia, Arquitetura, Desenho Industrial (*Design*) e cursos técnicos industriais possam entender e utilizar os desenhos técnicos de suas áreas. Este livro também se aplica a algumas especialidades das escolas militares de formação de oficiais, bem como de sargentos especialistas, das diversas forças.

1.2 Normas Técnicas Relacionadas e Aplicáveis aos Desenhos Técnicos Projetivos

Cada país ou região possui alguma entidade específica que cria e regulamenta as normas técnicas necessárias às suas atividades. Considerando-se tanto o que se refere aos desenhos técnicos quanto às normas a eles relacionadas, podem ser citadas as seguintes:

- ABNT – Associação Brasileira de Normas Técnicas (Brasil)
- AISI – American Iron and Steel Institute (EUA)
- ANSI – American National Standards Institute (EUA)
- API – American Petroleum Institute (EUA)
- ASME – American Society of Mechanical Engineers (EUA)

Introdução: Quem e Por que se Deve Estudar Desenho Técnico? **3**

- BSI – British Standards Institution (Inglaterra)
- DIN – Deutsches Institut für Normung (Alemanha)
- ISO – International Organization for Standardization (em nível mundial)
- JIS – Japanese Industrial Standards (Japão).

A Associação Brasileira de Normas Técnicas (ABNT) apresenta uma série de normas aplicáveis especificamente aos desenhos técnicos projetivos, devendo ser lembrado que, de tempos em tempos, essas normas podem e sofrem revisões. É importante citar que existem muitas outras normas, para as mais diversas áreas, relacionadas a projetos, ou seja, as adiante listadas são as principais e específicas para a execução de desenhos técnicos projetivos.

- NBR 07191/82: Execução de desenhos para obras de concreto simples ou armado
- NBR ISO 2768 – Parte 1/2001: Tolerâncias gerais. Tolerâncias para dimensões lineares e angulares sem indicação de tolerância individual
- NBR ISO 2768 – Parte 2/2001: Tolerâncias gerais. Tolerâncias geométricas para elementos sem indicação de tolerância individual
- NBR 6409/97: Tolerâncias geométricas. Tolerâncias de forma, orientação, posição e batimento. Generalidades, símbolos, definições e indicações em desenho
- NBR 6492/94: Representação de projetos de Arquitetura
- NBR 8196/99: Desenho Técnico: emprego de escalas
- NBR 8402/94: Execução de caractere para escrita em Desenho Técnico
- NBR 8403/84: Aplicação de linhas em desenho – Tipos de linhas – Larguras de linhas
- NBR 8404/84: Indicação do estado de superfícies em Desenhos Técnicos
- NBR 8993/85: Representação convencional de partes roscadas em Desenhos Técnicos
- NBR 10067/95: Princípios gerais de representação em Desenho Técnico
- NBR 10068/87: Folha de desenho: leiaute e dimensões
- NBR 10126/87: Cotagem em Desenho Técnico
- NBR 10582/88: Apresentação de folha para Desenho Técnico
- NBR 10647/89: Desenho Técnico (Terminologia)
- NBR 11145/90: Representação de molas em Desenho Técnico
- NBR 11534/91: Representação de engrenagem em Desenho Técnico
- NBR 12298/95: Representação de área de corte por meio de hachuras em Desenho Técnico
- NBR 13142/99: Desenho Técnico: dobramento de cópias
- NBR 13272/99: Elaboração das listas de itens
- NBR 13273/99: Desenho Técnico. Referência a itens
- NBR 14611/2000: Representação simplificada de estruturas metálicas
- NBR 14699/2001: Desenho Técnico – Representação de símbolos aplicados a tolerâncias geométricas – proporções e dimensões
- NBR 14957/2003: Representação de recartilhado.

1.3 Material Básico "Clássico" (ou Analógico!) Usado em Desenhos Técnicos. Formatos, Dobramentos e Detalhes das Folhas de Desenho. Tipos de Grafites Utilizados

Embora na prática atual, e cada vez mais, os desenhos técnicos sejam executados usando programas de computador, é importante citar os seguintes principais instrumentos que podem ser utilizados, principalmente nos cursos de formação técnica: par de esquadros, compasso, escalímetro (escala triangular), transferidor, borracha plástica, lápis ou lapiseiras e folhas de papel. Com relação ao papel, a ABNT, por meio da NBR 10068/87 (Folha de desenho – Leiaute e dimensões), define os seguintes formatos (dimensões), que normalmente são usados para a execução de desenhos técnicos: A0, A1, A2, A3 e A4. Existem outros formatos, mas esses são os mais utilizados.

Esta norma foi inspirada na norma internacional ISO 216 de 1975, que define os tamanhos de papel utilizados em quase todos os países, com exceção dos Estados Unidos da América e Canadá. A sigla ISO significa *International Standartization Organization* ou Organização Internacional de Padronização.

1.3.1 Formatos Padronizados das Folhas de Desenhos Técnicos

Os tamanhos de papel definidos pela norma ABNT têm a particularidade de a razão entre sua altura e sua largura ser exatamente igual à raiz quadrada de dois, o que significa que, quando, por exemplo, se unem duas folhas A4, obtém-se uma folha A3, com exatamente o dobro da área e com as mesmas proporções. Da mesma forma, cortando-se uma folha A4 ao meio, obtém-se duas folhas de tamanho A5 (normalmente usadas em cadernos e blocos de anotações), que também têm as mesmas proporções relativas dos tamanhos A3 e A4.

O tamanho A4 tem essa designação porque é a quarta divisão consecutiva do tamanho A0, que se caracteriza por ter exatamente um metro quadrado (1 m²) de área com lados na razão de um para raiz quadrada de dois. O tamanho ABNT do papel para desenhos técnicos obedece ao sistema métrico, em que uma folha A0 tem 1 m², e uma folha A0 equivale a duas folhas A1 ou quatro A2, oito A3 e dezesseis A4. As figuras e tabelas a seguir mostram as proporções, dimensões e detalhes das folhas de desenho técnico.

TABELA 1.1 Dimensões dos formatos

FORMATO	LARGURA × ALTURA (mm)
A0	841 × 1189
A1	594 × 841
A2	420 × 594
A3	297 × 420
A4	210 × 297

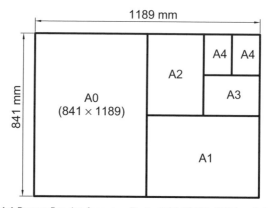

Figura 1.1 Proporções dos formatos. Fonte: NBR 10068, 1987, p. 2. Figura 4.

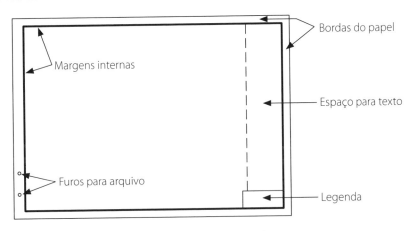

Figura 1.2 Detalhes das folhas, formatos A0, A1, A2 e A3. (FIGURA 2)

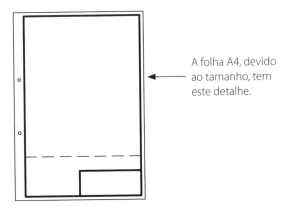

Figura 1.3 Detalhes das folhas A4.

Notas:

1. É na margem esquerda que são feitos os furos para o arquivamento em pastas.
2. No carimbo ou rótulo são incluídas as informações sobre o tipo de desenho e outras.
3. No espaço para texto são escritas notas gerais e detalhes como listas de materiais.

TABELA 1.2 Detalhes das margens (mm)

FORMATO	MARGEM DIREITA	MARGEM ESQUERDA	ESPESSURA DA LINHA
A0	25	10	1,4
A1	25	10	1,0
A2	25	7	0,7
A3	25	7	0,5
A4	25	7	0,5

Fonte: NBR 10068, 1987, p. 3. Tabela 2.

Com relação à legenda dos desenhos técnicos, a NBR 10582 (Apresentação da folha para Desenho Técnico), parágrafo 4.3.1, cita que a legenda deve ter as seguintes informações: (a) designação da firma; (b) projetista, desenhista ou outro, responsável pelo conteúdo do desenho; (c) local, data e assinatura; (d) nome e localização do projeto; (e) conteúdo do desenho; (f) escala, conforme NBR 8196; (g) número do desenho; (h) designação da revisão; (i) indicação do método de projeção, conforme NBR 10067; e (j) unidade utilizada no desenho, conforme NBR 10126.

1.3.2 Detalhes do Dobramento Normatizado das Cópias dos Desenhos Técnicos

A norma ABNT NBR 13142 (Dobramento de cópia) fornece detalhes de como devem ser dobradas as cópias dos desenhos, a partir do tamanho A3. A ideia é que, ao ser dobrado, o tamanho final equivalha ao formato A4, deixando-se uma margem à esquerda, de forma que (uma cópia) possa ser arquivada em uma pasta A4, permitindo que se abra o desenho apenas desdobrando-o, sem precisar retirar da pasta. A norma mostra as etapas das dobras, para cada um dos formatos, com exceção do A4, que, obviamente, não é dobrado. A seguir é mostrado como cada formato ABNT deve ser dobrado, para poder ser arquivado em pastas.

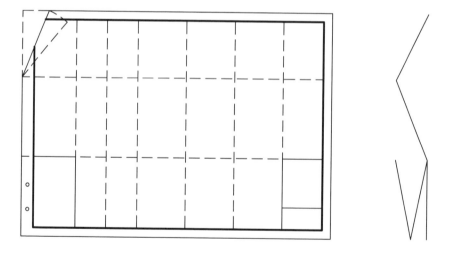

Após o dobramento o desenho é arquivado desta forma

Figura 1.4 Dobramento de um formato A0.

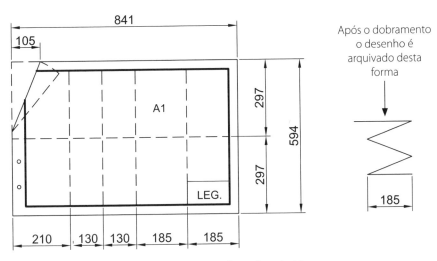

Figura 1.5 Dobramento de um formato A1.

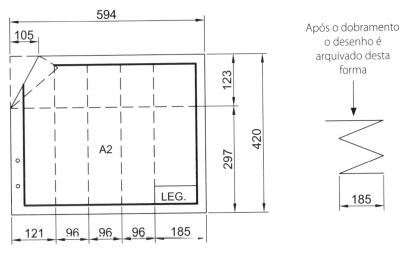

Figura 1.6 Dobramento de um formato A2.

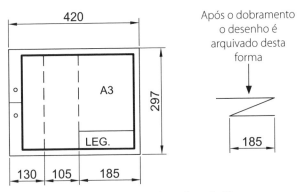

Figura 1.7 Dobramento de um formato A3.

8 Capítulo 1

1.3.3 *Tipos de Grafites Usados em Desenhos Técnicos*

Para desenhos feitos à mão com os instrumentos clássicos, são usadas lapiseiras ou lápis, ou seja, grafite. Além de diversas espessuras, existem diversos tipos ou tons de grafite, indo do mais claro, que é o 9H, até o mais escuro, que é o 9B. Uma curiosidade: quanto mais claro (série H), mais duro, e quanto mais escuro (série B), mais macio. Já o grafite usado nos lápis só apresenta as seguintes quatro classificações: B, H, F e HB. Essas letras vêm dos seguintes termos em inglês:

- B é *blackness* ou negritude
- H é *hardness* ou dureza
- F é *fine* ou ponta fina
- HB é um tipo de grafite de dureza média, que está entre o H e o B.

Considerando uma escala do mais rígido para o mais macio, os grafites apresentam a seguinte classificação:

9H – 8H – 7H – 6H – 5H – 4H – 3H – 2H – H – F – HB – B –
2B – 3B – 4B – 5B – 6B – 7B – 8B – 9B.

Quanto maior o número, mais acentuada é a característica, representada pela letra, ou seja: 9H é mais duro que o 3H, enquanto um 9B é mais macio que o 2B.

Uma dúvida que surge, especialmente entre os iniciantes no desenho, é quanto ao tipo de grafite usar. Embora a escolha seja pessoal, já que depende inclusive se a pessoa tem a mão mais "pesada" ou mais "leve", podem ser feitas as seguintes recomendações:

- Em projetos, estudos (inclusive artísticos), áreas escuras e grandes, funcionam bem grafites extremamente macios, entre os 9B a 4B.
- Desenhos à mão livre ou *croquis* são bem executados com os macios entre 3B a B.
- Traçado de linhas e escritas, costuma-se usar a dureza média: HB ou F.

De modo geral, utilizam-se os grafites mais duros (série H) para se obter traçados claros e os mais suaves (série B) para sombras e preenchimento de áreas mais escuras. Deve ser dito que os mais duros são mais difíceis de serem apagados, enquanto os mais suaves podem ser totalmente apagados, sem deixar sulcos no papel. Ainda, de forma geral, na prática do desenho técnico à mão e instrumentos usando o papel do tipo Canson, trabalha-se normalmente na faixa entre o F, HB e B.

1.4 Desenho Geométrico, Geometria Descritiva e Desenho Técnico Projetivo

O traçado em si dos desenhos técnicos projetivos (à mão ou via computador), tanto as vistas ortográficas quanto as perspectivas, utiliza uma série de elementos geométricos e matemáticos, tais como: ângulos, retas, circunferências, cordas, arcos, flechas, mediatrizes, bissetrizes, elipses, parábolas, hipérboles, cujos traçados não fazem parte do escopo deste livro, podendo ser estudados em bons livros de Desenho Geométrico. Ou seja, para a execução de um desenho técnico projetivo, por mais simples que seja seu traçado, são essenciais conhecimentos básicos de Matemática e Geometria.

As vistas ortográficas advêm do conceito de projeção cilíndrica perpendicular (veja a Seção 5.1), em relação a planos, tal e qual estudado e conceituado pela geometria descritiva.

Enquanto a Descritiva estuda projeções em dois e até três planos (o conceito de diedro e triedro), ortogonais entre si, o desenho técnico projetivo expande as projeções para até seis planos (hexaedro ou cubo de projeções). Ao passo que a geometria descritiva utiliza a planificação de dois e três planos (π, π' e π''), com o nome de Épura, o desenho técnico projetivo utiliza a planificação de até seis planos, dando origem às vistas ortográficas, como detalhadas no Capítulo 4.

1.5 Importância do Desenho Técnico à Mão Livre. Esboço, Rascunho ou *Croquis*

Croquis, palavra francesa traduzida como esboço ou rascunho, é um desenho feito à mão livre, normalmente a lápis, sem grandes precisões (porém, proporcional). É muito utilizado na prática do desenho técnico, tanto na fase da concepção inicial do projeto quanto na obra ou em uma fábrica, para comunicar detalhes de forma rápida. Normalmente, na prática, os *croquis* são feitos em perspectiva, para dar ideia tridimensional do objeto.

É fundamental que os estudantes de desenho técnico, independentemente da área, desenvolvam habilidades manuais básicas, de forma a conseguir desenhar *croquis* à mão livre, mesmo nos cursos em que a disciplina "Desenho Técnico" seja ministrada com os desenhos feitos no computador. É muito importante que os estudantes treinem rápidos *croquis*, à mão livre, do que será desenhado no computador.

Os autores, com décadas de experiência na área de engenharia de projetos industriais (bem como professor de Desenho), frequentemente tiveram necessidade de fazer *croquis* à mão livre, tanto em obras de montagens de indústrias quanto na linha de produção industrial, bem como para passar detalhes e informações para desenhistas e projetistas.

Como *croquis* técnicos não são desenhos artísticos, qualquer pessoa, mesmo a que não tem habilidades artísticas, é capaz de fazê-los. É uma questão, tão somente, de treino.

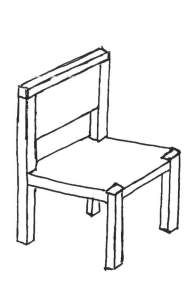

Figura 1.8 *Croquis* inicial de uma cadeira.

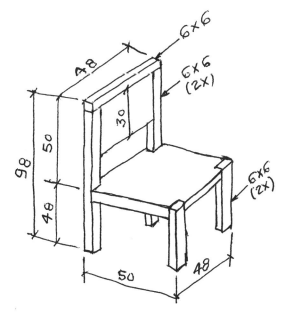

Figura 1.9 *Croquis*, já com dimensões, da mesma cadeira.

Figura 1.10 *Croquis* do Museu de Arte Contemporânea (MAC), em Niterói, RJ. Uma das obras de arte do gênio Oscar Niemeyer.

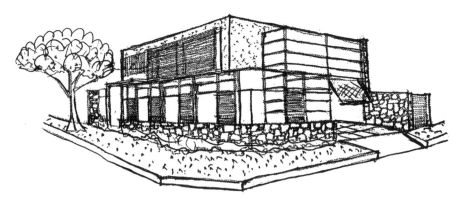

Figura 1.11 *Croquis* de um estudo arquitetônico.

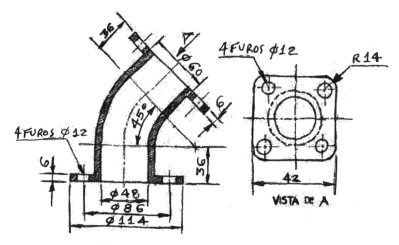

Figura 1.12 *Croquis* de uma peça mecânica.

1.5.1 *Procedimentos Básicos para Execução dos Desenhos Técnicos Projetivos à Mão Livre (Esboços, Rascunhos ou Croquis)*

Como já citado, normalmente engenheiros, em particular, realizam rascunhos, esboços ou *croquis* à mão livre para transmitir informações ao desenhista ou resolver determinado problema de obra, fabricação ou manutenção; ou, ainda, até para desenvolver algo novo (principalmente *designers*). Um profissional de nível superior, além de ter um salário bem mais elevado que o dos desenhistas (os chamados cadistas), não se especializa nos *softwares* e comandos de programas de representação gráfica. Ou seja, os cadistas fazem melhor e mais rápido.

Dessa forma, é muito importante que, ainda durante a formação, os profissionais que irão trabalhar com desenhos técnicos desenvolvam "técnicas" básicas para a execução à mão livre, usando tão somente uma folha de papel, um lápis e uma borracha.

Tanto em perspectiva quanto em vistas ortográficas os esboços devem ser proporcionais às reais dimensões da peça ou objeto que se quer representar. É óbvio que, no início, especialmente os mais jovens acostumados a teclar ou tocar em tela sentem alguma dificuldade e incômodo para desenhar à mão livre, mas em pouco tempo a habilidade (que está latente em cada um de nós) aflora. Outra vantagem de um esboço é que ele é realizado em poucos minutos e sem necessidade de aparatos tecnológicos (instrumentos ou o computador). A seguir são mostradas algumas "dicas" para a execução de esboços de desenhos técnicos em vistas ortográficas, bem como em perspectiva isométrica.

- Traçar primeiro as linhas finas e leves, depois reforçá-las corrigindo distorções da primeira. O lápis deve ser segurado com desembaraço e não muito próximo à ponta.
- Traçar linhas verticais de baixo para cima.
- As linhas horizontais devem ser traçadas da esquerda para direita.*
- As linhas inclinadas que se deslocam da vertical para a direita são traçadas de baixo para cima.*
- As linhas inclinadas que se deslocam da vertical para a esquerda são traçadas de cima para baixo.* Não deve haver muita preocupação com a ondulação no traço, pois a direção é mais importante que a regularidade da linha.
- As circunferências são desenhadas marcando-se o raio para cada lado das linhas de centro ou, para maior precisão, acrescentando duas ou mais diagonais passando pelo centro da circunferência e marcando, assim, pontos equidistantes do centro, igual ao raio utilizado, desenhando-se um quadrado.

O desenho da perspectiva isométrica é baseado em um sistema de três semirretas que têm o mesmo ponto de origem e formam entre si três ângulos de 120°. Essas semirretas, assim dispostas, recebem o nome de eixos isométricos. Qualquer reta paralela a um eixo isométrico é chamada linha isométrica. As linhas não paralelas aos eixos isométricos são linhas não isométricas.

---

*Pessoas canhotas costumam fazer o traçado de forma oposta à citada.

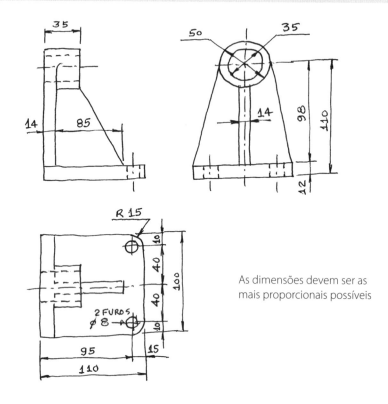

As dimensões devem ser as mais proporcionais possíveis

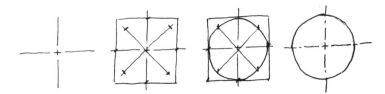

Sequência do traçado de uma circunferência à mão livre

Figuras 1.13 e 1.14 Exemplos de vistas ortográficas à mão livre.

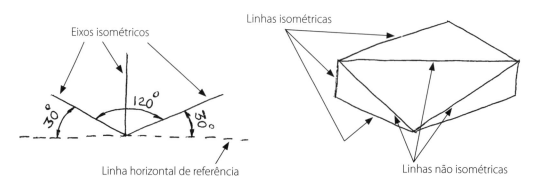

Figura 1.15 Desenho de uma perspectiva isométrica.

De forma geral, o desenho de uma perspectiva isométrica começa com o traçado do prisma isométrico, que compreende cinco etapas. Na prática, porém, elas são traçadas em um mesmo desenho.

1ª etapa: trace levemente, à mão livre, os eixos isométricos e indique o comprimento, a largura e a altura sobre cada eixo, tomando como base as dimensões máximas da peça ou objeto.

2ª etapa: a partir dos pontos onde você marcou o comprimento e a altura, trace duas linhas isométricas que se cruzam. Assim, ficará determinada a face da frente da peça ou objeto.

3ª etapa: trace agora duas linhas isométricas que se cruzam a partir dos pontos onde você marcou o comprimento e a largura. Assim, ficará determinada a face superior da peça ou objeto.

4ª etapa: a face lateral da peça ou objeto é obtida traçando-se duas linhas isométricas a partir dos pontos onde se indicou a largura e a altura.

5ª etapa (finalização): apague os excessos das linhas de construção, isto é, das linhas e dos eixos isométricos que serviram de base para a representação do modelo. Depois, é só reforçar os contornos da figura e está concluído o traçado da perspectiva isométrica do prisma retangular.

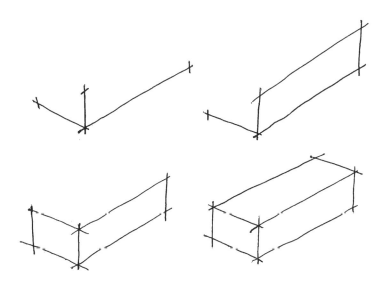

Figura 1.16 Primeira e 2ª etapas do desenho de uma perspectiva isométrica.

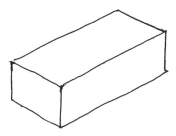

Figura 1.17 Terceira 4ª e 5ª etapas do desenho de uma perspectiva isométrica.

Peças ou objetos com arestas isométricas (ou não) são complementados a partir do prisma isométrico básico.

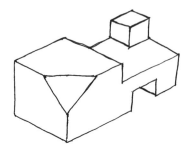

Figura 1.18 Finalização do desenho de um prisma retangular com traçados de perspectiva isométrica.

Uma circunferência, representada em perspectiva isométrica, tem a forma semelhante a uma elipse, traçada a partir de um "quadrado" isométrico, ou seja, uma figura em isométrica com lados iguais à medida do diâmetro da circunferência. Na Seção 4.3.1 é mostrado em detalhes como são feitas essas elipses, em cada uma das três faces.

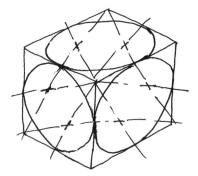

Figura 1.19 "Quadrado" isométrico, utilizado para a obtenção de uma circunferência em perspectiva isométrica.

Conjugando-se arestas retas (isométricas ou não) e curvas, é possível o desenho à mão livre em perspectiva isométrica, como mostrado a seguir.

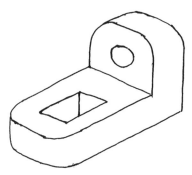

Figura 1.20 Desenho à mão livre em perspectiva isométrica.

1.6 Exemplos de Alguns Tipos de Desenhos Técnicos Projetivos e Não Projetivos

Existem desenhos técnicos dos mais variados tipos de produtos. Pode-se afirmar que tudo o que será produzido e reproduzido requer desenhos técnicos. A seguir são mostrados exemplos de vários tipos de desenhos técnicos.

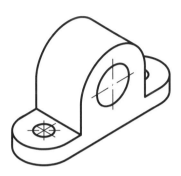

Figura 1.21 Desenho técnico de uma peça mecânica em perspectiva (em três dimensões: X, Y, Z).

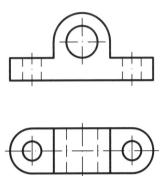

Figura 1.22 Desenho técnico em vistas ortográficas (em duas dimensões: XY/XZ/YZ).

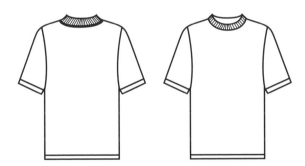

Figura 1.23 Desenho técnico projetivo de uma blusa (sem dimensões).

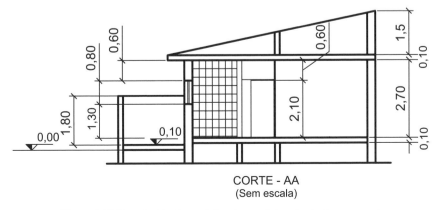

CORTE - AA
(Sem escala)

Figura 1.24 Desenho técnico projetivo de arquitetura (corte de uma casa).

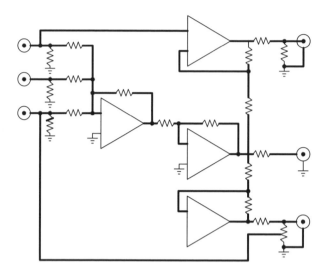

Figura 1.25 Desenho técnico não projetivo de um circuito elétrico.

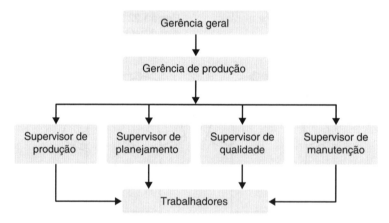

Figura 1.26 Desenho técnico não projetivo de um organograma funcional.

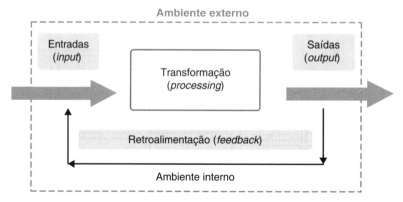

Figura 1.27 Desenho técnico não projetivo do esquema de um sistema de produção industrial.

Figura 1.28 Desenho técnico não projetivo das etapas do projeto de um produto (exemplo de um fluxograma de produção).

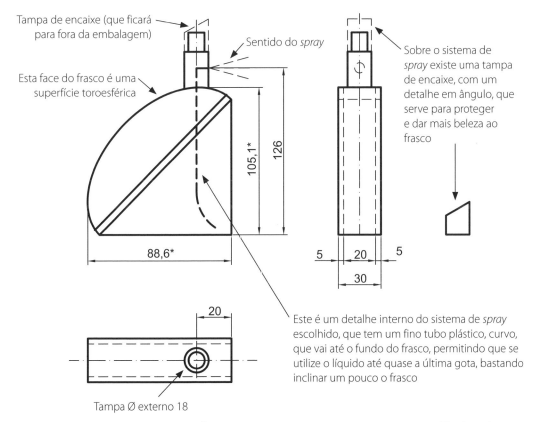

Figura 1.29 Exemplo de um desenho técnico sobre estudo para projeto (*design*) de um novo vidro de perfume.

*Essas dimensões, contendo décimos de milímetros, são consequências de cálculos matemáticos desenvolvidos e considerando-se a parte abaulada do frasco como uma superfície toroesférica. Durante o projeto final do frasco, a ser desenvolvido por uma firma especializada, pode ser que essas dimensões sofram pequenas alterações.

18 Capítulo 1

O projeto conceitual do frasco é enviado a uma empresa especializada em frascos de vidro, que irá fazer todo o detalhamento de engenharia, inclusive definindo o tipo de vidro, os pigmentos, a espessura e os detalhes como os raios de arredondamento das arestas e quinas. É no projeto conceitual que são definidos a cor do frasco (no caso preto e prata), bem como alguns detalhes em relevo, incluindo a logomarca da empresa, o nome do produto, o volume etc.

1.7 À Mão com Instrumentos Clássicos (Esquadro e Compasso) ou Via Computador? Como Devem Ser Feitos os Desenhos Técnicos? As Inteligências Múltiplas!

Infelizmente muitas instituições de ensino superior, em especial as com cursos de engenharia, já há alguns anos aboliram o ensino da Geometria Descritiva, fazendo o aluno cursar diretamente a disciplina de "Desenho Técnico Auxiliado por Computador", normalmente utilizando o consagrado Programa AutoCAD® (existem outros). De início, isso parece prático e moderno, já que há muito tempo os desenhos técnicos são feitos usando-se programas cada vez mais sofisticados. "Para que perder tempo, se o computador faz tudo!" Os autores já ouviram esta frase muitas vezes, inclusive de coordenadores desses cursos. "O ensino da Geometria Descritiva é chato e não serve para nada!" Essa é outra frase muito ouvida. Essas colocações estão erradas por vários motivos. Senão vejamos.

Não é o ensino da Geometria Descritiva que é chato, mas sim a forma como ela é apresentada, principalmente nos cursos que a têm como base conceitual do Desenho Técnico, especialmente os de Engenharia, Arquitetura e Desenho Industrial. Outra observação importante é que, por exemplo, engenheiros e arquitetos não são contratados para "ficar desenhando no computador", isto é feito normalmente por desenhistas e projetistas, os chamados "cadistas", que se especializam na computação gráfica. Engenheiros e arquitetos são solucionadores de problemas de sistemas de produção e/ou inventores de "coisas". Tanto para resolver problemas quanto para criar "coisas" a visão espacial é fundamental. Assim é que o estudo da Geometria Descritiva, base conceitual e prática do Desenho Técnico, contribui em muito para o desenvolvimento da visão espacial. Ou seja, é esse o objetivo que deveria nortear o estudo da Geometria Descritiva nos cursos supracitados: ajudar a melhorar e ou desenvolver a visão espacial dos futuros engenheiros, arquitetos e desenhistas industriais (*designers*).

O ensino e aprendizado do Desenho Técnico envolve basicamente percepções e facilidades lógico-matemáticas, viso-espaciais e pictóricas, que são as principais características exigidas, principalmente para profissionais das áreas de Engenharia, Arquitetura e Desenho Industrial, sendo que, dependendo da área específica de atuação, alguns as usam mais, outros menos. Essas percepções também são desenvolvidas com o estudo da Geometria Descritiva.

O estudo do desenho técnico projetivo, juntamente com a base do Desenho Geométrico e da Geometria Descritiva, além de suas aplicações técnicas específicas, auxilia qualquer pessoa a criar e ver as soluções em suas mentes. Primeiro, é preciso visualizar e "desenhar" o problema para depois resolvê-lo. Também não se pode deixar de citar que, ao ajudar a desenvolver tanto a percepção visual quanto a de se expressar por linhas e símbolos, o estudo da Geometria Descritiva melhora o uso do lado direito do cérebro, que é onde são criadas e sentidas as emoções e as manifestações artísticas.

Em 1983, o professor norte-americano Howard Gardner (nascido em 1943) publicou sua teoria sobre as Inteligências Múltiplas, definindo inteligência como a capacidade de resolver problemas e/ou de criar coisas consideradas úteis por determinados contextos culturais. Por essa definição, todo ser humano é inteligente e capaz, sendo que estudos neurobiológicos da década de 2010 comprovaram a incrível elasticidade e adaptação de nossos neurônios, mesmo em idades mais avançadas. Inicialmente, Gardner detalhou sete tipos de inteligências, deixando claro que certamente os seres humanos são dotados de muitas outras.

Em 2018 já eram aceitas e estudadas as seguintes 12 inteligências: viso-espacial, verbo-linguística, lógico-matemática, cinestésico-corporal, musical, interpessoal, intrapessoal, emocional, naturalista, existencial, pictórica e social. Embora sejamos dotados de todos esses tipos de inteligências (e outros mais, ainda não desvendados), para cada problema do cotidiano e atividades profissionais usamos algumas, conforme nossa formação genética e conhecimentos adquiridos e desenvolvidos. Pouco adianta um médico com alto conhecimento específico e baixo equilíbrio emocional. Do mesmo jeito que um engenheiro ou arquiteto sem conhecimentos e preocupações ambientais ou naturalistas. O que dizer de um advogado com baixa percepção existencial?

De forma resumida, as três principais inteligências usadas e desenvolvidas pelo Desenho Técnico podem assim ser definidas:

Inteligência Lógico-Matemática Expressa a capacidade de calcular, quantificar, considerar proposições e hipóteses e realizar operações matemáticas, desde as mais simples até as mais complexas. Também expressa "sensibilidade e capacidade de discernir padrões lógicos ou numéricos; capacidade de lidar com longas cadeias de raciocínio" (ARMSTRONG, 2001, p. 16). O professor Celso Antunes (2000, p. 111) a define como: "Facilidade para o cálculo e para a percepção da geometria espacial. Prazer específico em resolver problemas embutidos em palavras cruzadas, charadas ou problemas lógicos como os tangram, os jogos de gamão e xadrez." Tangram é um tipo de jogo, de origem oriental, onde sete pedaços de figuras geométricas, como triângulos e quadrados, devem ser encaixados em determinadas posições. Gamão é um jogo de pequenas tábulas e dados.

Segundo Campbell (2000), a pessoa que tem a inteligência lógico-matemática bem desenvolvida apresenta as seguintes características (uma ou várias): (1) reconhece os objetos e sua função no ambiente; (2) está familiarizada com os conceitos de quantidade, tempo, causa e efeito; (3) usa símbolos abstratos para representar objetos e conceitos concretos; (4) demonstra habilidade para a resolução de problemas lógicos; (5) percebe padrões e relacionamentos; (6) levanta e testa hipóteses; (7) usa diversas habilidades matemáticas e tem boa percepção para informações na forma de gráficos; (8) gosta de operações complexas como: cálculo, física, programação de computador, estatística e métodos de pesquisa quantitativos; (9) pensa matematicamente; (10) usa a tecnologia para resolver problemas matemáticos; (11) expressa interesse por carreiras como: engenharia, arquitetura, física, química, contabilidade, direito, matemática e estatística; (12) cria novos modelos ou pesquisa ciências exatas, incluindo a matemática.

Inteligência Viso-Espacial Expressa a habilidade para pensar de maneira tridimensional (comprimento, largura e altura), além de perceber, criar e modificar imagens. Também expressa a capacidade em produzir e entender informações gráficas. É muito desenvolvida nas pessoas, por exemplo, que têm grande facilidade de localização espacial e geográfica. Você, com certeza, já conheceu pessoas que têm dificuldade em encontrar seu automóvel no estacionamento, após passar algum tempo no supermercado! E quanto àquelas que

20 Capítulo 1

não conseguem encontrar a casa do amigo, mesmo estando com o endereço! O professor Celso Antunes (2000, p. 111) a define como: "[...] capacidade de perceber o mundo visual com precisão, de efetuar transformações sobre as percepções, de imaginar movimento ou deslocamento interno entre as partes de uma configuração, [...]."

Segundo Campbell (2000), a pessoa que tem a inteligência Viso-Espacial bem desenvolvida apresenta as seguintes características (uma ou várias): (1) aprende através da visão e da observação, reconhecendo fisionomias, objetos, formas, cores, detalhes e cenas; (2) tem grande senso de direção e localização; (3) percebe e produz imagens mentais. Pensa através de imagens. Usa imagens visuais, especialmente as cores, para recordar informações; (4) entende com facilidade gráficos, tabelas, mapas e diagramas; (5) gosta de desenhar, rabiscar, pintar, esculpir, modelar e de reproduzir objetos e formas visíveis; (6) gosta de construir "coisas" tridimensionais, como, por exemplo, a dobradura em papel ou *Origami*, por mais complexas que sejam; (7) vê as coisas de maneiras diferentes ou segundo outro ângulo ou ponto de vista (costuma-se dizer que essas pessoas veem o que as "normais" não conseguem ver); (8) além dos padrões normais, percebe as sutilezas; (9) tem facilidade para representação concreta ou visual da informação; (10) tem facilidade para representações e abstrações; (11) expressa interesse e aptidão para ser artista, fotógrafo, engenheiro, desenhista industrial (*designer*), crítico de arte, piloto e outras ocupações que exijam habilidades visuais; (12) cria novas formas e expressões viso-espaciais ou obras de arte originais.

Inteligência Pictórica O termo "pictórica" refere-se à pintura e expressão por traços e desenhos. O professor Nilson José Machado defendeu em 1994 seu trabalho de Livre-Docência, na USP, onde, complementando os conceitos de Gardner, propôs a existência da inteligência pictórica formando um par complementar com a musical, ao lado dos outros três pares: Inter-Intrapessoal, Corporal/Espacial e Linguística/Lógico-Matemática. Antunes (2000, p. 67) cita que Gardner não aceitou a proposta do professor Nilson quando apresentado a ela em um seminário sobre Inteligências Múltiplas, em São Paulo.

A inteligência pictórica pode ser identificada pela capacidade de expressão por meio do traço, sensibilidade para o movimento, beleza e expressão a desenhos e pinturas e pela autonomia em apanhar as cores da natureza e traduzi-las de várias formas. Esta capacidade pode ser expressa tanto pela pintura clássica quanto pelo desenho publicitário (Antunes, 2000), bem como por caricaturas e traços humorísticos.

Giotto, Botticelli, Rafael, Leonardo da Vinci, Michelangelo, Maurício de Souza (o pai da Mônica e do Cebolinha), Ziraldo (o pai do menino maluquinho), Henfil (o pai dos fradinhos), Salvador Dali, Pablo Picasso, Tarsila do Amaral, Cândido Portinari, Vincent van Gogh, Henri Matisse, Rembrandt van Rijn, Piet Mondrian, Claude Monet, Tomie Ohtake, Anita Malfatti, Henri Matisse e Marc Chagall são exemplos de pessoas famosas, dotadas de forte inteligência pictórica.

Com o intuito de facilitar o estudo e tornar útil e prazeroso o Desenho Técnico, recomenda-se, tanto para professores quanto para alunos, o uso de modelos tridimensionais reais e/ou virtuais, de forma a que se "veja o problema" antes de colocá-lo no papel. Mesmo pessoas com fortes dificuldades de percepção espacial muito se beneficiam quando manipulam modelos de peças em madeira, papelão, metal ou plástico. Também se recomenda a observação e manuseio de embalagens de papel, papelão e metal, especialmente de alimentos e medicamentos.

Por exemplo, uma forma muito prática de se entender e perceber melhor o processo de planificação de superfícies consiste em desmontar uma embalagem de papelão. Uma simples caixinha de remédio, após desmontada, nos mostra como se partiu do plano para o espaço, ou seja, como se fez uma coisa tridimensional (comprimento, largura e altura), a partir de um pequeno pedaço de papelão que só tem duas dimensões: comprimento e largura. Aliás, o ensino e aprendizagem do Desenho Técnico ficam muito mais fáceis, práticos e lúdicos, quando se parte do concreto tridimensional, tanto com modelos quanto com imagens em perspectivas, para o abstrato do desenho bidimensional a partir das planificações (veja o Capítulo 5). Alguém já disse que uma imagem vale mais do que mil palavras.

E quanto aos modelos virtuais? Com poucos minutos de busca na Internet é possível acessar muitos *sites* específicos sobre Geometria Descritiva e Desenho Técnico, inclusive, e em especial, com modelos tridimensionais e com movimentos, que muito ajudam a compreensão e desenvolvimento das três inteligências mais exigidas pela Geometria Descritiva: a lógico-matemática, a viso-espacial e a pictórica.

1.7.1 *Programas Comerciais de Computador Usados Profissionalmente em DesenhosTécnicos Projetivos*

No Brasil, profissionalmente, desde a década de 1990, passou-se a usar a tela do computador, em vez da tradicional prancheta, para a execução de projetos e Desenhos Técnicos Projetivos, o que causou uma verdadeira revolução tecnológica, principalmente na área de projetos de grandes indústrias. Na sequência desta evolução surgiram programas que permitiram a integração entre o projeto de um produto, a confecção do protótipo e os estudos e cálculos de Engenharia, tudo desenvolvido em tela, reduzindo em muito o tempo necessário e permitindo uma melhor qualidade. Já no início dos anos 2000, foi possível a integração entre projeto, prototipagem, cálculos, desenhos e a fabricação, ou manufatura integrada, dentro do conceito de CAD/CAE/CAM.

Desenho auxiliado por computador ou CAD (do inglês, *Computer Aided Design*) é o nome genérico de sistemas computacionais (*softwares*) utilizados pela engenharia, geologia, geografia, arquitetura e *design* para facilitar o projeto e Desenhos Técnicos. No caso do *design*, este pode estar ligado especificamente a todas as suas vertentes (produtos como vestuário, eletroeletrônicos, automobilísticos etc.), de modo que os termos de cada especialidade são incorporados na interface de cada programa.

Esses sistemas (*softwares*) fornecem uma série de ferramentas para a construção de figuras geométricas planas (linhas, curvas, polígonos etc.) ou mesmo objetos tridimensionais (cubos, esferas etc.). Também disponibilizam ferramentas para relacionar essas figuras, como, por exemplo, criar um arredondamento entre duas linhas ou extrair as formas de dois objetos tridimensionais para obter um terceiro.

Uma divisão básica entre os *softwares* CAD é feita com base na capacidade do programa em desenhar apenas em duas dimensões ou 2D (largura e altura) ou criar modelos tridimensionais ou 3D (largura, altura e profundidade), sendo estes últimos subdivididos ainda em relação a que tecnologia usam como modelador 3D. Nos *softwares* pode haver intercâmbio entre o modelo 3D e o desenho 2D (por exemplo, o desenho 2D ou vistas ortográficas pode ser gerado automaticamente a partir do modelo 3D).

Existem modelos de CAD específicos que simulam as condições de fabricação, ou seja, as ferramentas usadas no desenho são as mesmas disponíveis no chão de fábrica. Estes

22 Capítulo 1

são chamados de programas CAM (*Computer Aided Manufacturing* ou Manufatura Assistida por Computador). Também na arquitetura existem CADs específicos que desenham paredes, telhados e outras construções automaticamente.

Em 2018, existia no mercado uma série de programas para desenho e modelagem digital. A seguir são listados alguns dos *softwares* mais utilizados, na época, separados por categorias.

Desenhos 2D (duas dimensões) Para desenhos 2D, o AutoCAD® ainda é o principal *software* do mercado. Existem alguns concorrentes como o Microstation, outro software de CAD relativamente utilizado e o ZWCAD, basicamente um genérico para o AutoCAD®, bem mais barato, mas com funcionalidades limitadas. Além da versão básica do AutoCAD®, temos o AutoCAD® Mechanical, AutoCAD® Electrical, AutoCAD® P&ID, entre outras versões especializadas em determinados setores de modelagem.

Modelagem mecânica 3D (três dimensões) Os programas modeladores 3D mais conhecidos no mercado brasileiro, em 2015, eram o Solid Works e o Inventor. Além destes, existia o Catia, um modelador mais robusto da mesma empresa que faz o Solid Works, bem como o Pro-ENGINEER e o Rhinoceros.

Modelagem e Documentação de Plantas PDMS, Smartplant e AutoCAD Plant 3D Para modelagem, alguns documentos e desenhos (isométricos, plantas, lista de materiais e soldas) de tubulações, existiam *softwares* específicos. O mais conhecido era o PDMS. O Smart Plant e o Plant 3D, em 2015, estavam em processo de homologação.

Existiam ainda algumas outras especialidades que usavam *softwares* específicos aplicados, por exemplo, à construção civil e à engenharia naval.

Geometer's Sketchpad Surgiu em 1989, quando foi apresentada no *Smarthmore College* sua primeira versão não comercial, e em 1995, divulgada sua versão atual. Hoje, está disponível na internet a versão Java 42. Este *software* facilita uma abordagem dinâmica e interativa dos conteúdos, permitindo a visualização de diferentes possibilidades da mesma situação. Possibilita a construção de exercícios passo a passo, movimentando e animando os diversos elementos desenhados, permitindo diferentes posicionamentos e apresentando muitas variações, que, a serem realizadas nos suportes tradicionais, tornar-se-iam de resolução muito demorada (de Campos, 2012).

SketchUp É um programa para a criação de modelos em 3D, com excelentes características, extremamente versátil e muito fácil de usar. Está disponível em duas versões: a versão profissional, PRO, e a versão gratuita *Google SketchUp*, para uso privado, não comercial. É muito utilizado em Arquitetura devido à sua facilidade de modelagem de estudos de formas e volumes tridimensionais, como também nas áreas do *Design*, Engenharia, Escultura, entre outras. Com esse *software*, criam-se facilmente estudos iniciais e desenhos tridimensionais, suprimindo muitas vezes a necessidade da execução de modelos ou maquetes tridimensionais (de Campos, 2012).

Software AutoSketch disponibiliza um conjunto amplo de ferramentas que permite a criação de desenhos de precisão. A interface é compatível com a do *Microsoft Windows* e apresenta um ambiente de trabalho familiar, como também tutoriais de curta duração, que facilitam a utilização do programa rápida e eficientemente. Esse *software* é utilizado em áreas profissionais como a Arquitetura, a Engenharia, a Ilustração, a Construção e o *Design*, e também por amadores, uma vez que é muito fácil de utilizar e cria rapidamente desenhos precisos e profissionais (de Campos, 2012).

1.7.2 *Projeto e Prototipagem Rápida*

Com o contínuo desenvolvimento de programas de computação gráfica, cada vez mais sofisticados e com mais recursos, a todo instante passa-se por uma verdadeira revolução tecnológica na forma de projetar objetos, construções civis e peças, além de facilitar a construção e fabricação.

A Arquitetura em muito tem se beneficiado da possibilidade de "construir" maquetes eletrônicas, inclusive com movimentos em tela, em vez de consumir dias e semanas com a construção de maquetes e modelos em escala. Deve ser dito que, apesar de todo este avanço tecnológico, em muitos casos ainda se faz necessária a construção do modelo ou maquete real e tridimensional, seja em madeira ou plástico e até em papel especial, pois pode-se tocá-la e resolver muitos problemas, que não são possíveis em tela, mesmo com movimentos. A indústria aeronáutica, a automobilística e tantas outras ganharam muita produtividade com essas possibilidades da maquete eletrônica. Os *designers* (desenhistas industriais), hoje, conseguem ver seu produto e suas infinitas opções de forma em poucas horas, em comparação aos dias e até meses que eram necessários quando não se dispunha dessas ferramentas tecnológicas.

Maquete eletrônica, também conhecida por maquete digital ou virtual, é a simulação volumétrica de um desenho industrial ou projeto arquitetônico/urbanístico produzido em ambiente gráfico-computacional, utilizando modelagem tridimensional. Em geral, é criada por arquitetos, *designers*, ou desenhistas utilizando um *software* de modelagem 3D. Apresenta níveis distintos de detalhamento, podendo ser meramente esquemática, detalhada ou fotorrealística. A evolução da simulação de formas e espaço arquitetônico em ambiente gráfico-computacional está diretamente relacionada à evolução de equipamentos de *hardware* e aplicativos ou *softwares*. A maquete eletrônica é na verdade uma evolução das perspectivas à mão feitas em aquarela, nanquim ou aerógrafo.

No desenvolvimento de um novo produto, normalmente existe a necessidade de produzir uma amostra (protótipo) de uma peça ou sistema, antes do investimento maciço de capital em ferramental, máquinas e montagem de linhas de produção. A produção de protótipos é necessária para avaliar o projeto e possíveis problemas, antes da produção e comercialização. Uma tecnologia que acelera consideravelmente o processo de desenvolvimento de produtos interativos é a prática da prototipagem rápida (*rapid prototyping*), especialmente via impressão tridimensional ou impressão 3D.

Tal tecnologia permite aos projetistas criar rapidamente protótipos reais e tridimensionais a partir de seus projetos, e não apenas de figuras bidimensionais, como nos desenhos. Esses modelos apresentam diversos usos. Eles constituem um auxílio visual excelente durante a discussão prévia do projeto com colaboradores ou clientes. Além disso, o protótipo pode permitir testes prévios, como, por exemplo, ensaios em túnel de vento para componentes aeronáuticos ou análise fotoelástica para se verificar pontos de concentração de tensões na peça. Os processos de prototipagem rápida (impressão 3D) permitem que eles sejam feitos mais depressa e de forma mais barata. Estima-se que a economia de tempo e de custos proporcionada pela aplicação das técnicas de prototipagem rápida na construção de modelos seja da ordem de 70 a 90 %.

A fabricação rápida de protótipos oferece várias vantagens, tais como: velocidade de fabricação, processamento de peças complexas, variedade de materiais utilizados e baixos volumes de produção com custo reduzido. Com todas essas vantagens, a fabricação aditiva ainda não substitui os processos de fabricação mais convencionais para cada aplicação.

24 Capítulo 1

Processos como usinagem, moldagem e vazamento ainda são preferidos em casos específicos, como: peças de grande porte, alta precisão e acabamento e grandes volumes de produção.

1.7.3 Projeto Auxiliado por Computador (CAD), Engenharia Auxiliada por Computador (CAE) e Manufatura Auxiliada por Computador (CAM)

Engenharia Auxiliada por Computador, ou *Computer Aided Engineering* (CAE), é uma tecnologia digital que utiliza o computador, via um programa do tipo CAD, para dar apoio a cálculos de engenharia.

O CAE está sustentado em ferramentas de CAD avançadas, as quais permitem não apenas definir as dimensões do produto concebido, como também outras características, como materiais, acabamentos, processos de fabricação e de montagem e até interações com elementos externos, como forças aplicadas, temperatura etc.

Com o CAE podem ser criados protótipos virtuais dos produtos, simulando as condições de uso, e, assim, efetuar estudos prévios de fabricação sobre aspectos, tais como: a estabilidade, a resistência e outros comportamentos. Para estes estudos, empregam-se amplas bases de dados e técnicas de análise por elementos finitos, programadas em módulos, que se integram nas ferramentas de CAD/CAE. A principal técnica de CAE é o método de análise por elementos finitos, mas existem outras, como, por exemplo, a simulação mecânica do evento, fluidodinâmica computacional térmica e fluida da análise de fluxo, além das análises de campo elétrico.

Computer Aided Manufacturing (CAM), ou Manufatura Auxiliada por Computador, está relacionada ao processo de produção ou manufatura. Os sistemas CAM trabalham com base em modelos matemáticos provenientes do sistema CAD. Com esses modelos, os sistemas geram um arquivo de caminho da ferramenta que, por meio do pós-processador (*software*), gera o programa do comando específico automático da máquina. A partir dos sistemas de CAM é possível transferir todas as coordenadas para que as máquinas (CNC, Comando-Numérico-Computadorizado) efetuem as usinagens da peça. Quanto maior a precisão do desenho gerado no CAD, maior será a precisão dos caminhos de ferramenta gerados pelo CAM e, consequentemente, uma peça de maior qualidade.

Em resumo, é possível (2018), comercial e usual, interagir as diversas etapas de um processo de fabricação de um produto, ou seja, o desenho técnico produzido no computador, via CAD, os cálculos de engenharia com simulações em tela, via CAE, a prototipagem rápida, com impressão tridimensional, pequenas correções se necessárias e, finalmente, a fabricação do objeto, a partir de um arquivo iniciado com o desenho (CAD). E o futuro?

1.7.4 Impressão 3D ou Tridimensional (Nova Revolução Industrial?)

Impressão 3D, também relacionada com a prototipagem rápida, é uma forma de tecnologia de fabricação aditiva em que um modelo tridimensional é criado por sucessivas camadas de material. Essa impressão permite aos *designers* a possibilidade de em um simples processo imprimir partes de alguns materiais com diferentes propriedades físicas e mecânicas. Tecnologias de impressão avançadas permitem imitar com precisão quase exata a aparência e as funcionalidades dos protótipos dos produtos.

Introdução: Quem e Por que se Deve Estudar Desenho Técnico? **25**

Especialmente após 2010, as impressoras 3D tornaram-se financeiramente acessíveis para pequenas e médias empresas, levando a prototipagem da indústria pesada para o ambiente de trabalho, inclusive em casa. Em 2018, no Brasil, uma impressora 3D simples custava menos de mil dólares. Essas impressoras usam fios de plástico que são carregados por um tubo quente que esquenta o material até deixá-lo bem fino. Os objetos 3D são desenhados camada por camada por esse fio quase líquido. Além disso, é possível simultaneamente depositar diferentes tipos de materiais. A tecnologia é utilizada em diversos ramos de produção, como em joalheria, calçado, *design* de produto, Arquitetura, automotivo, aeroespacial e indústrias de desenvolvimento médico.

Em abril de 2013, os jornais informaram que o arquiteto holandês Janjaap Ruijssenaars planejava usar a impressão 3D para construir uma casa de dois andares e com 1100 metros quadrados de área. A casa não teria cantos nem bordas, permitindo a construção de formas complexas, muito difíceis de serem obtidas pelos processos de construção civil convencional. A impressora utilizada seria a D-Shape, levada ao canteiro de obra imprimindo as paredes diretamente no local e em seções de seis por nove metros. As partes metálicas e em vidro seriam feitas e montadas pelo método original (nesta época, ainda não era possível imprimi-las. Será possível um dia?). A construção estava prevista para 2014 a um custo de 6 milhões de dólares.

Ainda em abril de 2013, médicos ingleses implantaram com sucesso uma prótese de um maxilar humano moldada em titânio em uma impressora 3D, em um paciente que teve o rosto deformado em função da retirada de um tumor. Também nesta data foi veiculado que a empresa canadense Kor Ecologic estava desenvolvendo um carro ecológico montado inteiramente por peças plásticas impressas em 3D, com exceção do chassi e motor, que continuariam sendo fabricados em metais.

As informações a seguir foram extraídas em 16/03/2016 de: http://www.inovacao-tecnologica.com.br/noticias/noticia.php?artigo=metais-impressos-3d-tinta-liquida-ferrugem&id=010170160118.

A impressão 3D de metais avançou muito, sendo possível, em 2016, imprimir peças com metais diferentes. Uma equipe de engenheiros da Northwestern University, nos EUA, criou uma forma de imprimir objetos metálicos tridimensionais usando limalhas e ferrugem, ambos na forma de tintas em estado líquido ou pastoso. Enquanto os métodos já existentes usam camadas de metal em pó e *lasers* de alta potência ou feixes de elétrons, a nova técnica utiliza tintas líquidas e fornos comuns, resultando em um processo mais rápido, mais barato e mais uniforme. O novo método funciona para uma vasta variedade de metais, misturas de metais, ligas, compostos e óxidos metálicos, incluindo o óxido de ferro, ou ferrugem.

Em vez de uma fonte de energia muito intensa, como um *laser* ou um feixe de elétrons usados para fundir as partículas de um pó metálico nos métodos convencionais para impressão 3D de metais, o novo método não só dispensa o chamado "leito de pó" e o feixe de energia, mas também divide o processo em duas etapas: a impressão e a fusão das camadas.

A primeira etapa usa uma tinta líquida de metal, ou uma mistura de pós metálicos, solventes e um ligante de elastômero, sendo essa tinta liberada por um bocal, à temperatura ambiente. Apesar de começar com uma tinta líquida, o material extrudado pelo bocal solidifica-se instantaneamente e se funde com o material já depositado, permitindo fabricar objetos grandes que podem ser manipulados imediatamente.

Na segunda etapa, já em sua forma definitiva, a peça é recozida por aquecimento em um forno comum, um processo conhecido como sinterização, no qual os pós metálicos se unem sem fusão. Essa simplificação deverá auxiliar no aprimoramento da técnica, com vistas à obtenção de peças que possam diminuir ou eliminar a necessidade de tratamento final.

26 Capítulo 1

Em 2016, já era possível a impressão 3D de até 15 metais diferentes, como: aço inoxidável, aço ferramenta, alumínio e titânio, assim como peças em cerâmica (http://canaltech.com.br/noticia/impressoras/os-novos-materiais-disponiveis-na-impressao-3d-39937/, acesso em 16/03/2016). Nesta época, se dizia que até 2030 a impressão 3D poderá causar uma nova verdadeira Revolução Industrial, principalmente quanto ao projeto e fabricação de produtos domésticos e aparelhos eletroeletrônicos.

Em abril de 2018, a *Exame* (https://exame.abril.com.br/tecnologia/casa-impressa-em-3d-em-apenas-12-horas-reduz-custos-e-acelera-obra/, acesso em 23/04/2018) publicou que a empresa americana ICON apresentou, em março do mesmo ano, o protótipo de uma casa, com 60 m² de área construída, impressa pela tecnologia de impressão 3D. A impressão levou cerca de 12 horas. Dessa forma, foram impressos telhado, piso, paredes e as demais partes da habitação, como portas, maçanetas, janelas e sistemas elétricos, montados pelos métodos tradicionais. A empresa informou que, apesar de essa casa ter custado US$ 10 mil, ela planejava baixar esse valor para US$ 4 mil. A máquina tem capacidade para imprimir casas de até 74 m².

CONSIDERAÇÕES DO CAPÍTULO

Desenhos técnicos projetivos seguem normas, regras, padrões e procedimentos consagrados. Este capítulo introdutório mostra a importância de seu estudo/aprendizagem, especialmente porque contribui para desenvolver e aperfeiçoar as Inteligências Lógico-matemática, Viso-espacial e Pictórica, habilidades fundamentais para todos os profissionais que têm de fazer ou interpretar desenhos técnicos projetivos, sejam à mão livre, com os instrumentos clássicos (régua e compasso) ou via programas de computador.

Exercícios

E.1.1 Pesquise na *internet* sobre os diversos tipos de desenhos técnicos projetivos das áreas de Arquitetura, Desenho Industrial e Engenharias.

E.1.2 Pesquise na *internet* desenhos técnicos projetivos aplicados à montagem de automóveis, bem como de aeronaves.

E.1.3 Pesquise na *internet* sobre a impressão tridimensional (3D) de peças e objetos, tanto em resina plástica quanto em metais.

▶ Desafios

D.1.1 Em sua própria casa, avalie móveis, utensílios domésticos e aparelhos eletroeletrônicos, tentando entender como foram concebidos, projetados e desenhados. Por exemplo, pesquise sobre liquidificador, ferro elétrico, poltrona e forno de micro-ondas.

D.1.2 Pesquise na *internet* sobre programas de computador gratuitos, para execução de desenhos técnicos projetivos.

Desenhando Letras, Números, Símbolos e Linhas

2

Desenhos técnicos têm letras, números, símbolos e linhas executadas segundo normas e padrões. Neste capítulo é mostrado como a norma brasileira ABNT NBR 8402/94 fixa as diversas proporções e dimensões dos símbolos gráficos (letras e números), usados nos desenhos técnicos, bem como a NBR 8403/84, que define os tipos, usos e espessuras das linhas usadas no traçado dos Desenhos Técnicos Projetivos.

2.1 Letras, Números e Símbolos Matemáticos

A norma ABNT NBR 8402/94 (Execução de caractere para escrita em Desenho Técnico) fixa característica de escrita (letras, números e símbolos) usada em desenhos técnicos e documentos semelhantes. Aplica-se para escrita à mão livre e por instrumentos, inclusive por computador. A norma tem como objetivo a uniformidade, a legibilidade e a adequação à microfilmagem e a outros processos de reprodução. Cabe observar que a norma internacional ISO 3098 apresenta as características da escrita normalizada, com diversos tipos.

No Brasil, as letras usadas em desenhos técnicos são do tipo bastão, maiúsculas e minúsculas, podendo ser tanto na vertical quanto inclinadas a 75°. Os números e símbolos também seguem essas posições. Os caracteres devem ser claramente distinguíveis entre si, para evitar qualquer troca ou algum desvio mínimo da forma ideal. Para a microfilmagem e outros processos de reprodução, é necessário que a distância entre caracteres corresponda, no mínimo, a duas vezes a largura da linha, conforme as Figura 2.1 a 2.3 e a Tabela 2.1, transcritas da NBR 8402/94.

No caso de larguras ou espessuras de linhas diferentes, a distância deve corresponder à da linha mais larga. Para facilitar a escrita, deve ser aplicada a mesma largura ou espessura de linha para letras maiúsculas e minúsculas. Os caracteres devem ser escritos de forma que as linhas se cruzem ou se toquem, aproximadamente em ângulo reto. A altura h, que corresponde à altura das letras maiúsculas, possui razão 2, correspondente à razão dos formatos de papel para Desenho Técnico. Ou seja, o tamanho da letra e/ou número está diretamente relacionado ao tamanho da folha. Formatos maiores, letras maiores e vice-versa.

Condições específicas: a altura h das letras maiúsculas deve ser tomada como base para o dimensionamento [veja as Figuras 2.1 a 2.3 e a Tabela 2.1]. As alturas h e c não devem ser menores do que 2,5 mm. Na aplicação simultânea de letras maiúsculas e minúsculas, a altura h não deve ser menor que 3,5 mm.

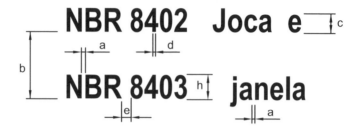

Figura 2.1 Características gerais da escrita.

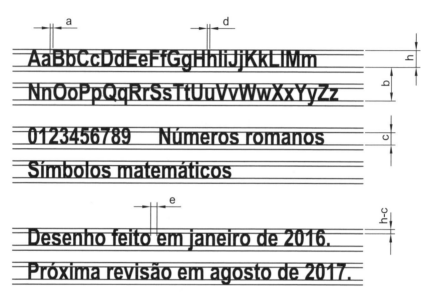

Figura 2.2 Características da escrita vertical.

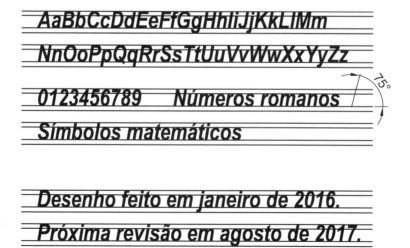

Figura 2.3 Características da escrita inclinada.

Desenhando Letras, Números, Símbolos e Linhas   29

TABELA 2.1 Proporções e dimensões de símbolos gráficos. Fonte: NBR 8402/94

CARACTERÍSTICAS	RELAÇÃO	DIMENSÕES (mm)						
Altura das letras maiúsculas = h	(10/10) h	2,5	3,5	5	7	10	14	20
Altura das letras minúsculas = c	(7/10) h	–	2,5	3,5	5	7	10	14
Distância mínima entre caracteres = a*	(2/10) h	0,5	0,7	1	1,4	2	2,8	4
Distância mínima entre linhas de base = b	(14/10) h	3,5	5	7	10	14	20	28
Distância mínima entre palavras = e	(6/10) h	1,5	2,1	3	4,2	6	8,4	12
Largura da linha = d	(1/10) h	0,25	0,35	0,5	0,7	1	1,4	2

*Quando necessário, a distância entre caracteres pode ser alterada.

2.2 Linhas Utilizadas em Desenhos Técnicos Projetivos

Essas linhas seguem a norma NBR 8403/84 (Aplicação de linhas em desenho. Tipos de linhas. Larguras de linhas), sendo adiante citadas as principais partes da norma. A largura ou espessura das linhas corresponde ao escalonamento, conforme os formatos de papel para Desenhos Técnicos. Ou seja, desenhos menores têm letras de menor espessura e altura.

Deve ser ressaltado que, em um mesmo desenho, segundo a NBR 8403/84, só existem duas espessuras de linhas: larga (ou grossa) e estreita (ou fina), sendo que a relação entre as larguras de linhas largas e estreitas não deve ser inferior a 2. Por exemplo, se em um desenho se utilizar a espessura 1,00 mm como linha larga ou grossa, as linhas estreitas ou finas não devem ser menores que 0,50 mm (1,00 mm / 0,5 mm = 2).

As larguras ou espessuras das linhas devem ser escolhidas conforme o tipo, dimensão, escala e densidade de linhas no desenho, de acordo com o seguinte escalonamento: 0,13 mm; 0,18 mm; 0,25 mm; 0,35 mm; 0,50 mm; 0,70 mm; 1,00 mm; 1,40 o 2,00 mm. Para diferentes vistas de uma peça, desenhadas na mesma escala, as larguras das linhas devem ser conservadas. Principalmente na prática do desenho com instrumentos manuais (régua, esquadros e compasso), as espessuras mais utilizadas são: 0,50 mm e 0,70 mm.

O Quadro 2.1 detalha os 10 tipos de linhas a saber: A1, A2 – Contornos e arestas visíveis; B1 – Linha auxiliar, de centro curta; B2 – Linha de cota; B3 – Linha de extensão; B4 – Linha de chamada; B5 – Hachura (tracejado de corte); B6 – Linha de contorno de seção rebatida sobre a vista; B7 – Linha de simetria; C1, D1 – Linha de corte ou de ruptura longa; E1, E2 – Linha de arestas e contornos não visíveis; F1, F2 – Linha de arestas e contornos não visíveis; G1, G2 , G3 – Linha de eixo ou simetria; H1 – Planos de corte; J1 – Linha de trajetória; K1 – Contorno de peças adjacentes ou detalhes situados antes do plano de corte; K2 – Posição limite de peças móveis; K3 – Centroide ; K4 – Contornos iniciais; e K5 – Partes anteriores a planos de corte.

As Figuras 2.4 a 2.6 mostram exemplos de aplicação de cada uma das linhas descritas no Quadro 2.1.

30 Capítulo 2

QUADRO 2.1 Tipos de linhas, descrição e aplicações em desenhos técnicos

TIPO E DESENHO DA LINHA	DESCRIÇÃO	APLICAÇÕES
A ▬▬▬▬▬	Contínua e grossa	A1 Contornos visíveis A2 Arestas visíveis
B ────────	Contínua e fina	B1 Arestas fictícias B2 Linhas de cota B3 Linhas de chamada B4 Linhas de referência B5 Tracejado de corte (hachuras) B6 Contorno de seções locais B7 Linhas de eixo curtas
C ∿∿∿∿∿ (Veja nota 1) D ─∿─∿─	Contínua e fina, à mão livre Contínua e fina, em zigue-zague	C1 Limites de vistas locais ou interrompidas, quando o limite não é uma linha de traço misto. Limites de cortes parciais. D1 Mesmas aplicações de C1
E ▬ ▬ ▬ ▬ ▬ (Veja nota 2) F ─ ─ ─ ─ ─	Interrompida e grossa Interrompida e fina	E1 Linhas de contornos não visíveis E2 Arestas não visíveis F1 Linhas de contornos não visíveis F2 Arestas não visíveis
G ─·─·─·─·* ─·─·─·─ (Veja nota 3)	Interrompida fina, intercalada com ponto (ou traço fino e ponto)	G1 Linhas de eixo ou centro G2 Linhas de simetria G3 Trajetórias de peças móveis *Ao fazer desenho com grafite, é melhor usar traço fino e "tracinho".
H	Mista fina (traço e ponto) e grossa, sendo grossa apenas nas bordas e mudanças de direção	H1 Planos de corte
J ▬·▬·▬	Interrompida grossa, intercalada com ponto (ou traço grosso e ponto)	J1 Indicação de linhas ou superfícies às quais é aplicado determinado requisito ou acabamento
K ──··──··──	Interrompida fina, intercalada com dois pontos	K1 Contornos de peças adjacentes K2 Posições extremas de peças móveis K3 Centroides (ou centros de gravidade) K4 Contornos iniciais de peças submetidas a processos de fabricação com deformação plástica K5 Partes situadas antes dos planos de corte

Fonte: Normas ISO 128 e NBR 8403/84.

Notas:

1. Embora as normas citem que essas linhas têm a mesma utilização, na prática recomenda-se usar a linha à mão livre para interrupções de peças, por exemplo, para mostrar detalhes internos, em cortes parciais. A linha em zigue-zague, na prática, é mais usada para interrupções em partes de desenhos de construção civil e ou para detalhes de perfis metálicos.

2. Embora as normas aceitem que esta linha de arestas ou contornos invisíveis seja grossa ou fina, na prática usa-se apenas a linha fina, exceto em desenhos de tal tamanho ou detalhe em que a linha fina não fique bem clara.

3. Na prática do desenho à mão com instrumentos, em lugar de linha interrompida, com traço longo e ponto, as linhas de eixo e de centro são feitas com traço longo e traço menor, já que fica difícil desenhar um ou vários pontos com grafite (no computador, não tem problema).

Desenhando Letras, Números, Símbolos e Linhas 31

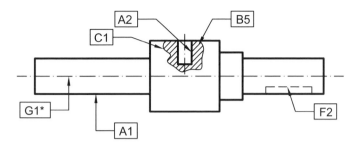

*Neste caso, como a peça não é simétrica, esta linha G1 é de centro ou de eixo.

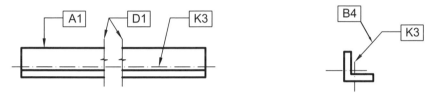

Figuras 2.4 a 2.6 Exemplos de aplicação de cada uma das linhas descritas no Quadro 2.1.

Para definição do centro de uma circunferência, veja a Seção 3.2.2

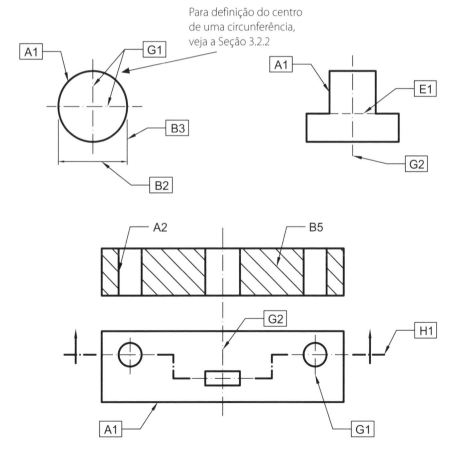

Figura 2.7 Desenhos de arestas e linhas de centro de circunferências.

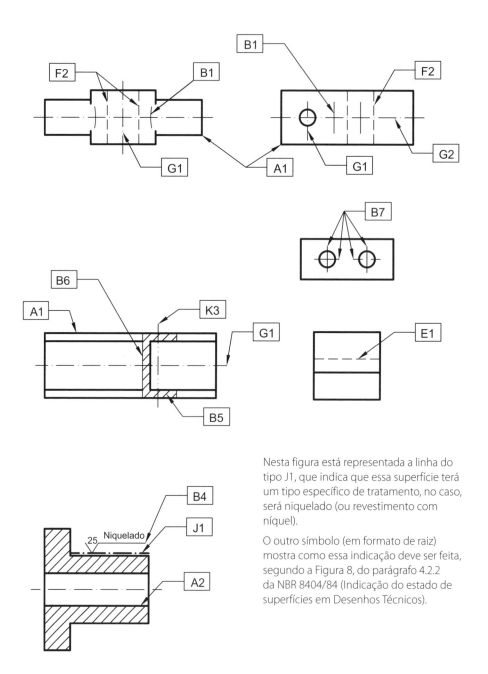

Nesta figura está representada a linha do tipo J1, que indica que essa superfície terá um tipo específico de tratamento, no caso, será niquelado (ou revestimento com níquel).

O outro símbolo (em formato de raiz) mostra como essa indicação deve ser feita, segundo a Figura 8, do parágrafo 4.2.2 da NBR 8404/84 (Indicação do estado de superfícies em Desenhos Técnicos).

Figura 2.8 Desenhos à mão livre com linhas de arestas, de centro, contornos e cortes parciais de circunferências.

Desenhando Letras, Números, Símbolos e Linhas   33

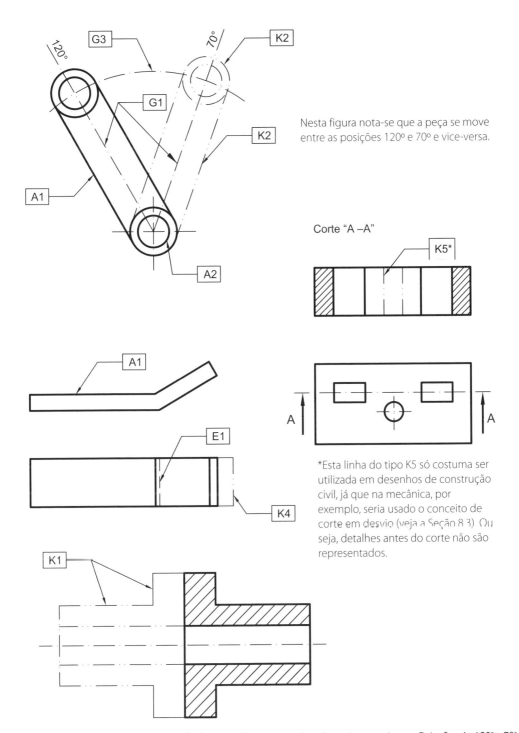

Nesta figura nota-se que a peça se move entre as posições 120° e 70° e vice-versa.

*Esta linha do tipo K5 só costuma ser utilizada em desenhos de construção civil, já que na mecânica, por exemplo, seria usado o conceito de corte em desvio (veja a Seção 8.3). Ou seja, detalhes antes do corte não são representados.

Figura 2.9 Continuação dos desenhos à mão livre com linhas de arestas, de centro e contornos. Rotações de 120° e 70° e vice-versa e cortes parciais de circunferência.

2.2.1 Precedência de Linhas ou Prioridade entre Linhas Coincidentes

É comum que duas linhas diferentes coincidam em determinada vista ortográfica, por exemplo, uma linha de uma aresta não visível, em uma vista lateral direita, coincide com uma linha de centro. Qual das duas prevalece: a não visível ou a de centro?

Os detalhes a seguir são baseados no parágrafo 3.3.2 de Silva *et al.* (2010), bem como no parágrafo 3.5 da NBR 8403/84. Considerando o Quadro 2.1, a ordem de prioridade de linhas é a seguinte (na sequência são mostrados exemplos práticos):

1. Arestas e contornos visíveis ou linhas do tipo A.
2. Arestas e contornos não visíveis ou linhas dos tipos E e F.
3. Planos de corte ou linha do tipo H.
4. Linhas de eixo e de simetria ou do tipo G.
5. Linha de centroides ou do tipo K3.
6. Linha de cota ou do tipo B2.

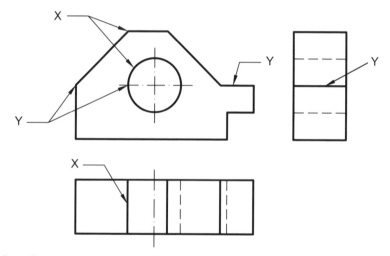

- Coincidência X: na vista superior, tanto a aresta em ângulo quanto a face esquerda do furo circular estão na mesma linha de projeção. O que prevalece é a aresta visível do ângulo, conforme descrito em 1, ou seja, arestas e contornos visíveis têm preferência.
- Coincidência Y: na vista lateral esquerda, existem três linhas coincidindo: a aresta em ângulo à esquerda, a linha de centro do furo interno e a aresta não visível à direita. O que prevalece é a aresta visível.

Figura 2.10 Arestas, contornos, linhas de cota, de eixo e centroides em vistas ortográficas.

2.2.2 Cruzamento ou Interseção de Linhas

Em algumas vistas ortográficas, além da coincidência de linhas, ocorre o cruzamento ou interseção de linhas o que obriga o uso de algumas convenções padronizadas, de forma a tornar os desenhos claros, ou seja, interpretados sem dúvidas. Os exemplos a seguir mostram os tipos que existem e como devem ser representados, lembrando que as linhas dos detalhes estão desenhadas mais grossas para uma melhor visualização e que as setas largas indicam o sentido da visão.

1) Perpendicularidade e angularidade de arestas

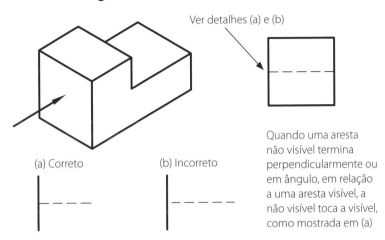

Quando uma aresta não visível termina perpendicularmente ou em ângulo, em relação a uma aresta visível, a não visível toca a visível, como mostrada em (a)

2) Prolongamento de arestas visíveis ou não

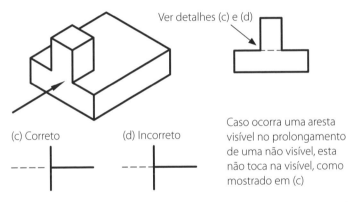

Caso ocorra uma aresta visível no prolongamento de uma não visível, esta não toca na visível, como mostrado em (c)

3) Arestas terminando em um ponto

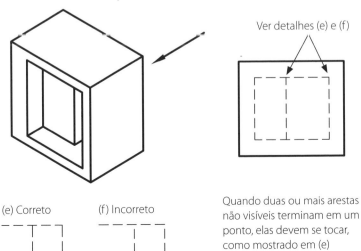

Quando duas ou mais arestas não visíveis terminam em um ponto, elas devem se tocar, como mostrado em (e)

4) Cruzamento de arestas visíveis ou não

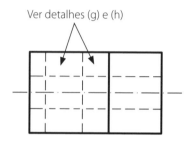

Ver detalhes (g) e (h)

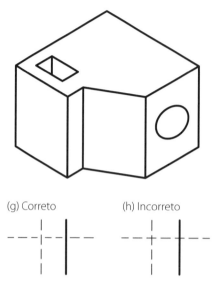

(g) Correto (h) Incorreto

Quando uma aresta não visível cruza outra visível ou não, não deve tocá-la, como mostrado em (g)

5) Cruzamento de linhas de eixo ou de centro

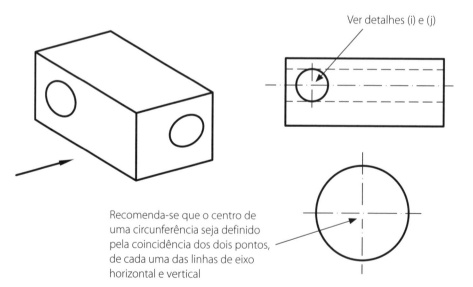

Ver detalhes (i) e (j)

Recomenda-se que o centro de uma circunferência seja definido pela coincidência dos dois pontos, de cada uma das linhas de eixo horizontal e vertical

---

CONSIDERAÇÕES DO CAPÍTULO

Os desenhos técnicos projetivos têm que ser executados com suas linhas, letras e símbolos obedecendo às normas ABNT NBR 8402/94 e NBR 8403/84.

Desenhando Letras, Números, Símbolos e Linhas **37**

Exercícios

E.2.1 Pesquise na internet, especialmente em um editor de texto, os diferentes tipos de letras e números que existem.

E.2.2 Usando lápis ou lapiseira escreva, à mão livre, pequenos textos e números, conforme as letras bastão maiúsculas e minúsculas.

▶ Desafio

D.2.1 Utilizando um editor de texto, escreva pequenos textos, usando as mais diversas fontes, procurando ver qual fonte mais se assemelha à letra bastão maiúscula, que é a mais utilizada em desenhos técnicos projetivos.

Desenhando em Escala 3

Desenhos técnicos projetivos, executados com instrumentos (esquadro e compasso) ou via programas de computador, são feitos usando escalas de redução ou ampliação, segundo as dimensões do objeto ou peça a ser representada. Desenhos técnicos projetivos tipo esboço, rascunhos ou *croquis*, executados à mão livre, embora não utilizem escalas, devem ter suas dimensões no papel proporcionais às medidas reais (para não causar deformações).

Como o desenho técnico é utilizado para representação de objetos como máquinas, equipamentos, prédios e até sistemas completos e complexos de produção industrial, conclui-se que nem sempre será possível representar os objetos em suas verdadeiras grandezas. Portanto, para permitir a execução dos desenhos, os objetos grandes precisam ser representados com suas dimensões reduzidas, enquanto os objetos, ou detalhes, pequenos necessitarão de uma representação ampliada. Por exemplo, o desenho de uma planta baixa de uma casa é feito com uma escala de redução, já o desenho de um alfinete, devido a seus detalhes mínimos, será feito com uma escala de ampliação.

As escalas, em desenho técnico projetivo, são utilizadas para ampliar ou reduzir o objeto projetado (ou ainda mantendo as dimensões, como na escala 1/1), de acordo com a precisão desejada e disponibilidade de área de papel para execução de um desenho. Com relação à representação gráfica, existem dois tipos básicos de escalas, a gráfica e a numérica, sendo a primeira mais utilizada em desenhos cartográficos ou de mapas, enquanto os desenhos técnicos projetivos usam escalas numéricas de redução e ampliação. Desenhos cartográficos ou de mapas, que não são abordados neste livro, também costumam usar escalas numéricas.

3.1 Escala Gráfica

A escala gráfica é representada sob a forma de um segmento de reta, normalmente subdividido em seções e ao longo do qual são registradas as distâncias reais correspondentes às dimensões do segmento.

A escala gráfica simples é uma reta dividida em unidades na razão da escala. Gradua-se a reta, a partir do ponto zero, com uma unidade básica maior para a esquerda, e para a direita marca-se a mesma unidade básica maior tantas vezes quantas forem suficientes. A unidade da esquerda chama-se talão ou extensão e acha-se subdividida em unidades menores. Vamos supor o exemplo abaixo, muito comum em mapas.

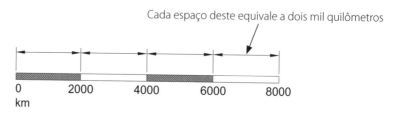

Figura 3.1 Escala gráfica simples.

3.2 Escala Numérica (Natural, de Redução e Ampliação). O Escalímetro

A escala numérica compreende três tipos: (a) a natural ou 1/1, onde as medidas do desenho e do objeto representado são iguais, ou seja, uma unidade do desenho corresponde a uma unidade do objeto; (b) escala de redução, onde as medidas do desenho são menores que as do objeto representado, como, por exemplo, 1/20, 1/25, 1/50, 1/75, 1/100 e 1/125; e (c) escala de ampliação, onde as medidas do desenho são maiores que as do objeto representado. Exemplos: 2/1 e 5/1.

A escala gráfica é uma razão de semelhança entre as medidas do desenho e as medidas reais do objeto. Esta razão de semelhança compreende três elementos: (1) a medida gráfica no desenho (D); (2) a medida real do objeto (O); e (3) a razão ou título da escala (K). Matematicamente, esta razão é indicada por: K = D/O (Miceli; Ferreira, 2008).

Quando se diz que um desenho está na escala de ampliação de 2/1 (dois para um), significa que duas unidades do desenho correspondem a uma unidade do objeto. Ao usar uma escala de redução de 1/50 (um para cinquenta), significa que uma unidade do desenho corresponde a cinquenta (50) unidades do objeto.

Vamos supor que uma planta baixa de uma casa seja feita na escala 1/25 (ou 1:25 ou um para vinte e cinco). Esta escala numérica significa que a unidade de comprimento, no desenho, vale 25 essa mesma unidade no terreno.

Na prática, existem os instrumentos chamados escalímetros, normalmente no formato prismático triangular, que já têm as réguas graduadas com diversas escalas. Nestes escalímetros são impressas seis escalas, duas em cada face do prisma. O interessante é que, em uma mesma régua, por exemplo, 1/50, tanto se pode usar como escala de ampliação quanto de redução, bastando trabalhar (pensar) com potências de 10. Essa escala de 1/50 também pode ser 1/500, 1/5 ou 1/0,5.

Normalmente, esses escalímetros vêm com as seguintes réguas: 1/20, 1/25, 1/50, 1/75, 1/100 e 1/125, embora existam outras réguas, com outras escalas, utilizadas em situações especiais, como a mostrada na Figura 3.1. Este é o formato dos escalímetros, normalmente vendidos no comércio de artigos de Desenho Técnico e usados por desenhistas e outros profissionais da área.

Na Figura 3.2 vê-se na parte superior o início da escala 1/200, em que a primeira marcação equivale a um metro. Na parte inferior vê-se o mesmo um metro, porém na escala 1/100, ou seja, o mesmo um metro representado por uma distância duas vezes maior, pois 1/100 é duas vezes maior do que 1/200.

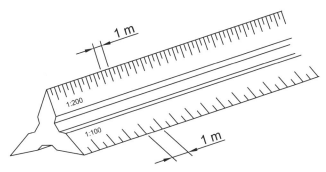

Figura 3.2 Escalímetro.

Quando se observa na régua uma escala de 1/200, em verdade isto significa que aquele pequenino espaço equivale a um metro na realidade, pois está reduzido em 200 vezes. Agora vamos entender isto melhor.

Um metro é igual a 1.000 milímetros. Se dividirmos 1.000 mm por 200, achamos 5 mm (1.000 mm / 200 = 5 mm). Agora, se pegarmos outro escalímetro (ou até uma régua de plástico graduada em centímetros) e colocarmos próximo a este um metro na escala de 1/200, veremos que tem 5 mm ou 0,5 centímetro.

Outro exemplo. Se observarmos a régua 1/100, veremos que o primeiro número é equivalente a um metro e tem exatamente um centímetro (é só conferir com uma régua de plástico). Como assim? É simples. 1/100 significa um metro dividido por 100, ou seja, 1.000 mm/100, que é igual a 10 mm ou 1 cm.

Esta mesma régua 1/100 pode ser usada como 1/10, sendo que neste caso a primeira marcação não será equivalente a um metro, mas sim 10 vezes menos, ou seja, 100 mm ou 10 cm. Um metro é 10 vezes maior do que 10 cm.

A Figura 3.3 mostra na parte superior o início da escala 1/50, em que o número 1 equivale a um metro. Vamos entender isto. 1/50 significa um metro dividido por 50 ou 1.000 mm dividido por 50, que é igual a 20 mm ou 2 cm. De novo, se pegarmos outro escalímetro (ou até uma régua de plástico graduada em centímetros) e colocarmos próximo a este um metro na escala de 1/50, veremos que tem 20 mm ou 2 centímetros.

Esta mesma régua 1/50 pode ser usada como 1/5, sendo que neste caso a primeira marcação não será equivalente a um metro, mas sim 10 vezes menos, ou seja, 100 mm ou 10 cm. Um metro é 10 vezes maior do que 10 cm. Ou seja, dependendo da escala, o mesmo espaço na régua pode ser equivalente a um metro ou a 10 cm, ou seja, 10 vezes menos.

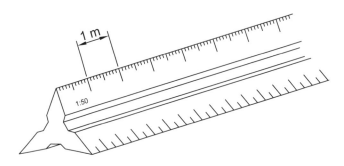

Figura 3.3 Escalímetro com detalhes da escala 1/50.

Exercícios Resolvidos

3.1 Como se define, qual escala utilizar? Como escolher entre 1/1, 1/2, 1/5, 1/25, 1/200, 1/500 ou qualquer outra escala? Primeiro, depende da dimensão que se quer representar! Por exemplo, vamos supor que se tenha que desenhar uma peça mecânica, como a mostrada a seguir, com dimensões em milímetros. Qual escala se deve utilizar?

Por exemplo, 500 mm ou meio metro não dá para ser desenhado em um formato A4 ou em um A3 e até A2. Em um A1 dá, mas vai ficar um desenho grande e feio, sem necessidade. Como a figura é simples, se reduzirmos cinco vezes ainda assim ficará grande, pois os 500 mm ocuparão 100 mm ou 10 cm no papel (500 mm / 5 = 100 mm = 10 cm). Porém, se dividirmos por 10, ou seja, se representarmos 10 vezes menor,

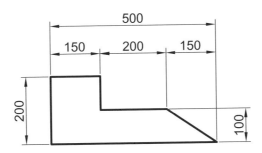

Figura 3.4 Desenho de uma peça mecânica.

teremos 500 mm / 10 = 50 mm ou 5 cm no papel. Ou seja, podemos usar a escala de 1/10, que será na régua 1/100, onde a primeira divisão será igual a 1 cm ou 10 mm, pois 1000 mm / 100 = 10 mm ou 1 cm.

3.2 Quer se desenhar um ginásio de uma escola, no formato retangular externo, com 25 metros de largura por 75 metros de comprimento. Qual escala usar? Vamos à análise, considerando o desenho feito em papel e com instrumentos, já que em tela do computador a análise é outra, muito mais simples e prática.

Como é uma construção civil que terá muitos detalhes internos, não podemos fazer o desenho muito pequeno, ou seja, no mínimo devemos usar um formato A3, que tem 297 mm × 420 mm (conforme Tabela 1.1). Agora vamos imaginar o formato A3, onde ficará este retângulo.

A dimensão A deve ser no mínimo de 5 cm, para o desenho ficar bem posicionado.
Consultando-se um escalímetro, descobre-se que uma boa escala é a 1/250, mais em função da medida de 25 metros.

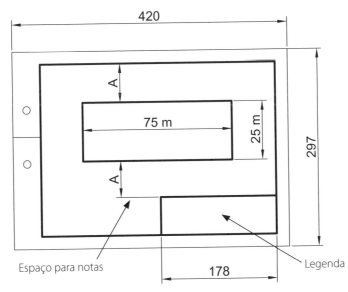

Figura 3.5 Desenho de um ginásio de escola.

42 Capítulo 3

Em resumo, deve-se ter a folha, onde será feito o desenho, disponível na mão e o escalímetro e, então, por observação, descobre-se qual régua é a mais indicada. Na comparação se analisa se será de ampliação ou redução, trabalhando-se com potência de 10.

E quanto às escalas de ampliação, quando são usadas? Vamos a um exemplo.

Imagine um alfinete de roupa, que tem medida de comprimento de 20 mm e uma cabeça muito pequena e com um detalhe em curva. Como ele será fabricado em uma máquina que terá um molde com as mesmas dimensões, e como este molde também terá que ser fabricado, o desenho tem que ser feito de tal forma que sejam vistos todos os mínimos detalhes, apenas usando uma ampliação, que pode ser 1/10.

Em desenhos técnicos de peças mecânicas é comum o uso da escala de ampliação de 2/1, bem como a de redução 1/2.

Na prática, cada área profissional e cada tipo de desenho técnico usa escalas consagradas que dão uma boa proporcionalidade ao desenho. A Tabela 3.1 dá uma ideia de vários tipos de desenhos e as escalas usuais.

3.3 Uso da Escala na Prática

A norma NBR 8196/99 (Desenho Técnico – emprego de escalas) recomenda as seguintes escalas:

- De redução: 1/2, 1/5, 1/10, 1/20, 1/50, 1/100, 1/200, 1/500, 1/1.000, 1/2.000, 1/5.000 e 1/10.000.
- De ampliação: 2/1, 5/1, 10/1, 20/1 e 50/1.

Quanto ao uso de escalas nos desenhos técnicos projetivos, Miceli e Ferreira (2008, p. 73 e 77) apresentam as seguintes observações:

Ao se executar um desenho, a escala utilizada deverá ser sempre indicada na legenda, no espaço destinado para tal. Existindo desenhos em diferentes escalas, estas deverão vir indicadas abaixo e à direita de cada um; a escala que predomina é indicada na legenda.

As dimensões a serem usadas na cotagem serão sempre as dimensões reais do objeto, mesmo quando este estiver em escala, e não as correspondentes ao desenho.

Os ângulos não sofrem redução ou ampliação em sua abertura, independentemente da escala utilizada no desenho.

Deve-se prestar bastante atenção na unidade que está sendo utilizada nas diferentes escalas. Na escala 1/1 a unidade é o centímetro, na escala 1/100, que utiliza a mesma graduação do escalímetro, a unidade é o metro. Nas escalas de ampliação, tomadas em comparação com a escala 1/1, a unidade será também o centímetro.

A Tabela 3.1 mostra as escalas tradicionalmente utilizadas na prática dos desenhos técnicos projetivos, pelas diversas áreas e especialidades.

Embora os escalímetros indiquem escalas numéricas de redução, também podem ser usadas como escalas de ampliação. Por exemplo, na escala 1/50 (de redução), as distâncias marcadas na régua são o dobro daquelas da escala 1/100, ou seja, a régua 1/50 pode ser usada como escala de ampliação 2/1 (dois para um).

O uso da escala quando se emprega um programa de computador tem todo um procedimento específico. Por exemplo, o programa AutoCAD® tem a escala padrão em milímetros, que deve ser configurada para a escala que vai ser utilizada. O programa já tem os comandos específicos para se trabalhar com escalas.

TABELA 3.1 Principais escalas usadas em desenhos técnicos

TIPO DE DESENHO	ESCALA UTILIZADA
Planta de situação	Em áreas urbanas: 1/500 e 1/1.000 Em áreas rurais: 1/1.000, 1/5.000 e até 1/10.000 e 1/50.000
Planta de localização	1/200, 1/250, 1/500 ou 1/1.000
Planta baixa	1/25 e 1/50
Cortes longitudinais e transversais	1/25 e 1/50
Desenho de fachadas	1/25 e 1/50
Desenho de detalhes arquitetônicos	1/10, 1/20, 1/25
Desenho de ferros (vergalhões)	Sem escala
Plantas de tubulação	1/20, 1/50, 1/100
Isométricos de tubulação	Sem escala (porém proporcional)
Desenhos mecânicos de conjunto	1/2, 1/5, 1/10
Detalhes de peças mecânicas	1/1, 1/2, 1/5, 2/1, 5/1, 10/1

3.4 Desenho Proporcional para *Croquis* Rascunho ou Esboço à Mão Livre

Quando se desenha à mão livre, embora não se possa usar escala, deve-se fazer o desenho da forma mais proporcional possível, evitando dúvidas de quem estiver "lendo" e interpretando o desenho. É importante ressaltar que, normalmente, engenheiros não fazem desenhos "definitivos", sejam com instrumentos, sejam via computador.

Na prática, engenheiros usam desenhos técnicos ou para entender o que vai ser montado, consertado ou fabricado ou para indicar revisões a serem feitas pelos profissionais que executam os desenhos. Hoje, quem executa desenhos com precisão, via programas de computador, são os desenhistas e/ou projetistas (chamados de cadistas), que normalmente são profissionais de nível médio, em geral técnicos especializados.

Na prática, engenheiros, quando necessário, fazem pequenos *croquis*, rascunhos ou esboços à mão livre. É por isso que se recomenda, durante o curso de Engenharia, que os alunos treinem a prática dos desenhos técnicos projetivos à mão livre. Não basta apenas ensinar comandos de programas de desenho, por exemplo, do AutoCAD, sem explicar as regras, normas e procedimentos dos desenhos técnicos projetivos em geral, já que em pouco tempo serão esquecidos e não usados na prática. A prática da mão livre, *via croquis*, é fundamental aos futuros engenheiros, não dependendo de nenhum aparato tecnológico, exceto lápis e papel.

CONSIDERAÇÕES DO CAPÍTULO

Dependendo das dimensões do objeto ou peça a ser desenhada, faz-se necessário o uso de escala de redução (para grandes dimensões) ou de ampliação (para pequenas dimensões). As escalas podem ser gráficas (muito utilizadas em mapas) ou numéricas. Desenhos feitos à mão livre, na forma de esboço, rascunho ou *croquis*, devem ter suas dimensões proporcionais, com a máxima precisão possível.

44 Capítulo 3

Exercícios

E.3.1 Pesquise na *internet* os diferentes tipos de escalas, utilizados nos mais diversos tipos de desenhos técnicos projetivos.

E.3.2 Usando lápis ou lapiseira, desenhe à mão livre algumas figuras geométricas, como quadrados, retângulos e círculos, preocupando-se em ter as dimensões as mais proporcionais possíveis.

▶ Desafio

D.3.1 Utilizando uma fita métrica ou pequena trena, meça os vários cômodos de sua casa e faça um desenho de sua planta baixa (veja o Capítulo 9). Faça em escala (1/50 dá bom resultado) e também à mão livre, de forma proporcional.

Introdução à Representação Gráfica Espacial (Tridimensional), Usando as Perspectivas: Cônica, Cavaleira, Isométrica, Dimétrica e Trimétrica

4

Os desenhos técnicos projetivos são vistas ortográficas em duas dimensões, representando objetos ou peças que têm três dimensões. Quando se quer representar um objeto ou peça, em um plano (duas dimensões), mas dando "ideia" de profundidade ou três dimensões, recorre-se ao conceito de perspectiva. Neste capítulo são mostradas e exemplificadas as principais perspectivas usadas em desenhos técnicos projetivos. É importante citar que o melhor tipo de perspectiva a ser utilizada depende de detalhes e características da peça ou objeto, como visto neste capítulo. Também deve ser citado que, com o uso de programas de computador, a execução de perspectivas ficou muito facilitada.

A palavra perspectiva vem do latim *perspicere*, que significa "ver através de". Embora desde a Grécia Antiga artistas já desenhassem expressando a ideia de volume e profundidade, foi a partir da conceituação da perspectiva cônica, em 1413, que outros tipos de perspectivas foram sendo desenvolvidos.

Do ponto de vista da aplicação no desenho técnico, existem dois tipos de perspectivas: a cônica e a cilíndrica axonométrica* com as seguintes classificações:

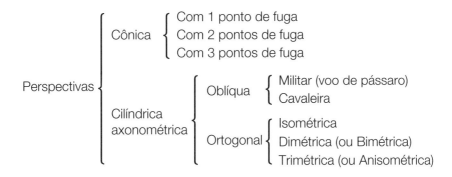

---

*Axonometria: *axon* = eixo e *metreo* = medida.

Para os objetivos deste livro, serão mostrados apenas os seguintes tipos de perspectivas: cônica, cavaleira, isométrica, dimétrica e trimétrica.

4.1 Perspectiva Cônica (Perspectiva Exata)

Foi a partir de análises visuais, na busca de soluções geométricas para a construção das cúpulas de catedrais, que os arquitetos italianos Brunelleschi (1377-1446) e Léon Battista Alberti (1404-1472) criaram o conceito básico da perspectiva cônica. Em 1413, Brunelleschi apresentou um dispositivo chamado perspectógrafo, onde se conseguia desenhar objetos e formas em um plano, porém dando-lhes a "sensação" de profundidade (em verdade, uma boa e útil ilusão de ótica).

A perspectiva cônica procura desenhar objetos da mesma forma que o olho humano enxerga, ou seja, de forma cônica. Esta perspectiva também é chamada de "perspectiva exata", já que é "exatamente" assim que o ser humano enxerga: de forma cônica. Uma simples experiência que qualquer um pode fazer e que comprova a visão humana como cônica é quando estamos dentro de um extenso corredor, pois, apesar de as paredes serem paralelas, tem-se a impressão de que elas se encontram lá ao fundo, em um ponto chamado ponto de fuga. A mesma sensação experimentamos ao parar no meio dos trilhos de uma ferrovia, quando se tem a impressão de que os trilhos se encontram lá longe. A figura a seguir mostra o conceito da perspectiva cônica aplicada a uma elipse.

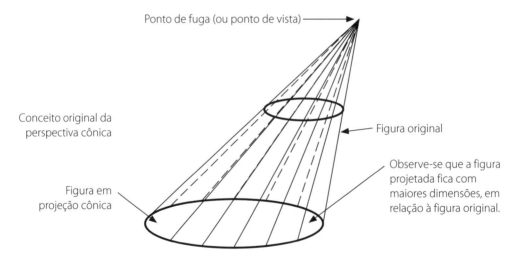

Figura 4.1 Exemplo de projeção cônica.

A perspectiva cônica é um excelente recurso visual, transformando imagens planas e abstratas do desenho técnico, só entendido por alguns, em imagens tridimensionais facilmente percebíveis por qualquer pessoa. Artistas usam os conceitos desta técnica, mas são os arquitetos os profissionais que mais a utilizam, inclusive para a simulação de sombra e luz sobre construções, em função da posição da construção em relação ao movimento do Sol.

Programas de computação gráfica já permitem essa visualização, inclusive com movimentação da imagem. É habitual uma pessoa visitar um escritório de vendas de um novo lançamento imobiliário, e mesmo sem nada construído, ver em tela todo um apartamento decorado, percorrendo-o cômodo por cômodo, como se andasse, fisicamente, em um imóvel já pronto. Também é possível colocar um óculos de realidade virtual, de forma que, além de "passear" pelo novo apartamento, "interaja" com algumas funções, como iluminação, temperatura e som.

Observe-se que a perspectiva cônica produz uma imagem que dá uma nítida sensação de volume e profundidade, conferindo beleza a linhas geométricas.

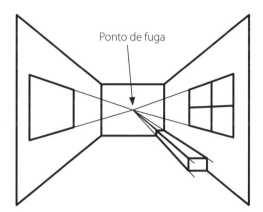

Figura 4.2 Exemplo da perspectiva cônica aplicada à Arquitetura (com um ponto de fuga). Observe-se o efeito de profundidade que esta perspectiva proporciona.

Figura 4.3 Exemplos de perspectivas cônicas diversas.

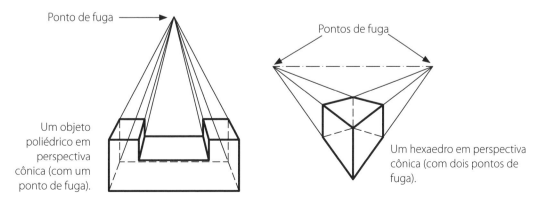

Figura 4.4 Poliedros em perspectiva cônica (com um ou dois pontos de fuga).

4.2 Perspectiva Cavaleira

Utiliza a projeção cilíndrica oblíqua, causando uma deformação no objeto representado, sendo que uma das faces (a de frente) é paralela ao plano de projeção, ou seja, representada em verdadeira grandeza.

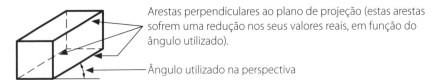

Figura 4.5 Face de frente, representada em verdadeira grandeza (não sofre redução nas dimensões).

Em princípio pode ser utilizado qualquer valor de ângulo, mas na prática são utilizados 30°, 45° e 60°. Para cada valor de ângulo é calculado um fator K de redução das arestas paralelas ao plano de projeção. Assim, K é a relação entre a aresta reduzida e a aresta real:

$$K = \frac{\text{aresta reduzida}}{\text{aresta real}}$$

Na prática, temos os seguintes valores:

$$\begin{cases} K = 2/3 \text{ para ângulo de } 30° \\ K = 1/2 \text{ para ângulo de } 45° \\ K = 1/3 \text{ para ângulo de } 60° \end{cases}$$

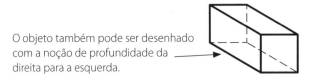

Figura 4.6 Face lateral. Prisma desenhado com a noção de profundidade da direita para a esquerda.

Quanto maior o ângulo utilizado, "menores" aparecem as arestas perpendiculares ao plano de projeção. A figura a seguir mostra o mesmo prisma, ou seja, com as mesmas dimensões, porém com ângulos diferentes. Observe-se o efeito espacial, que torna o desenho harmonioso e equilibrado. Tem-se a impressão de que o objeto está se "escondendo", à medida que o ângulo aumenta.

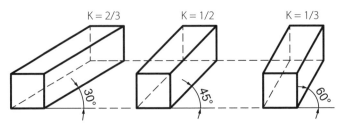

Figura 4.7 Prisma em perspectiva cavaleira a 30°, 45° e 60°.

Agora vejamos como ficaria o mesmo prisma, fazendo a perspectiva cavaleira a 60°, mas sem reduzir a dimensão das arestas perpendiculares ao plano de projeção.

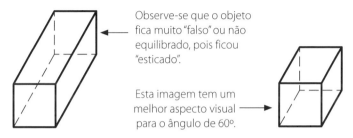

Observe-se que o objeto fica muito "falso" ou não equilibrado, pois ficou "esticado".

Esta imagem tem um melhor aspecto visual para o ângulo de 60°.

Figura 4.8 Prisma em perspectiva cavaleira a 60°.

Nessa posição a circunferência aparece como uma elipse, embora não existam métodos exatos para o traçado de elipses em perspectiva cavaleira.

Nessas posições, à direita ou à esquerda, a circunferência aparece em verdadeira grandeza.

Figura 4.9 Exemplos de cilindros em perspectiva cavaleira (circunferência nas três faces).

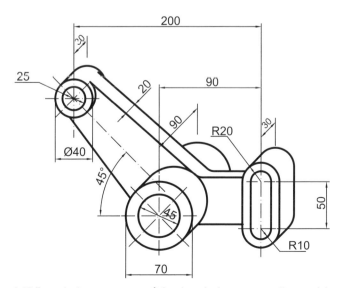

Figura 4.10 Exemplo de uma peça mecânica desenhada em perspectiva cavaleira a 30°.

4.3 Perspectiva Isométrica

Utiliza a projeção cilíndrica ortogonal, onde as projeções dos três eixos x, y, z formam entre si ângulos de 120°. As três faces aparecem de forma inclinada, mostrando alguns detalhes que não são bem visíveis na Cavaleira. Teoricamente, as três dimensões da Isométrica deveriam sofrer uma redução igual de 0,8, mas na prática não se faz.

Figura 4.11 Projeções dos eixos x, y e z que formam entre si ângulos de 120° e 30°.

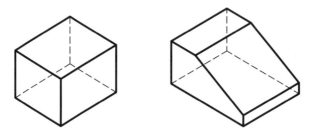

Figura 4.12 Exemplos de poliedros em perspectiva isométrica.

As circunferências são feitas a partir de "quadrados isométricos":

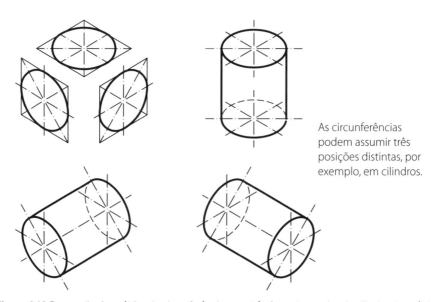

Figura 4.13 Perspectiva isométrica de circunferências nas três faces (exemplos de cilindros isométricos).

4.3.1 Processo para Desenho de uma Circunferência em Perspectiva Isométrica (Gerando uma Elipse*)

1º Passo: dividir o quadrado isométrico A, B, C, D em 4 partes iguais (mediatrizes), determinando os pontos 1, 2, 3 e 4.

2º Passo: pelo ponto C, traçar retas C1 e C2. Pelo ponto A traçar retas A3 e A4. Ficam determinados os centros 5 e 6.

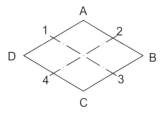

Figura 4.14

3º Passo: com centro em C e raio C1 = C2, traçar arco C12.

4º Passo: com centro em A e raio A3 = A4, traçar arco A34.

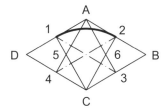
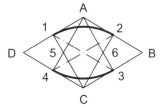

Figura 4.15

5º Passo: com centro em 6 e raio 62 = 63, traçar arco 623.

6º Passo: com centro em 5 e raio 51 = 54, traçar arco 514, fechando a elipse.

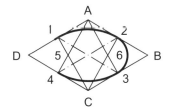
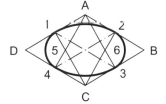

Figura 4.16

As circunferências nas outras posições (à direita ou à esquerda) seguem os mesmos passos.

Figuras 4.14 a 4.16 Passo a passo para desenhar uma circunferência em perspectiva isométrica, gerando uma elipse.

---

*Em verdade, matematicamente, não se gera uma elipse, mas sim um isocírculo ou uma "falsa elipse".

A seguir é mostrada, passo a passo ou etapa por etapa, como se desenha uma peça em perspectiva isométrica, bem como as peças prontas (Figuras 4.17 a 4.23).

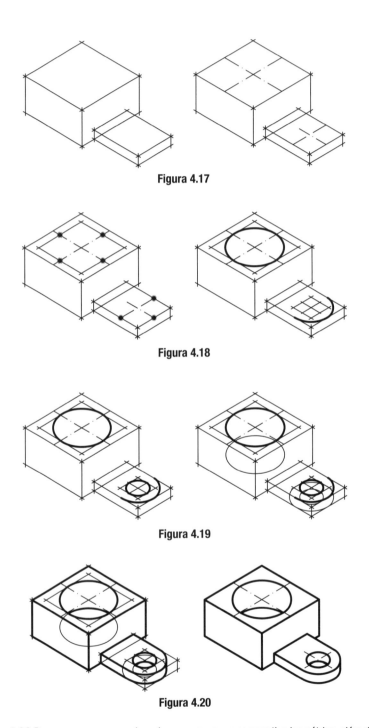

Figura 4.17

Figura 4.18

Figura 4.19

Figura 4.20

Figuras 4.17 a 4.20 Passo a passo para se desenhar uma peça em perspectiva isométrica, além da peça pronta.

Introdução à Representação Gráfica Espacial (Tridimensional), Usando as Perspectivas... **53**

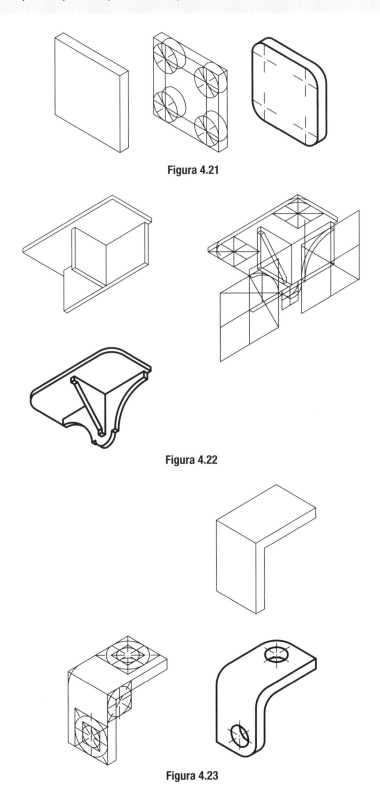

Figura 4.21

Figura 4.22

Figura 4.23

Figura 4.21 a 4.23 Passo a passo para se desenhar uma peça em perspectiva isométrica, além das peças prontas.

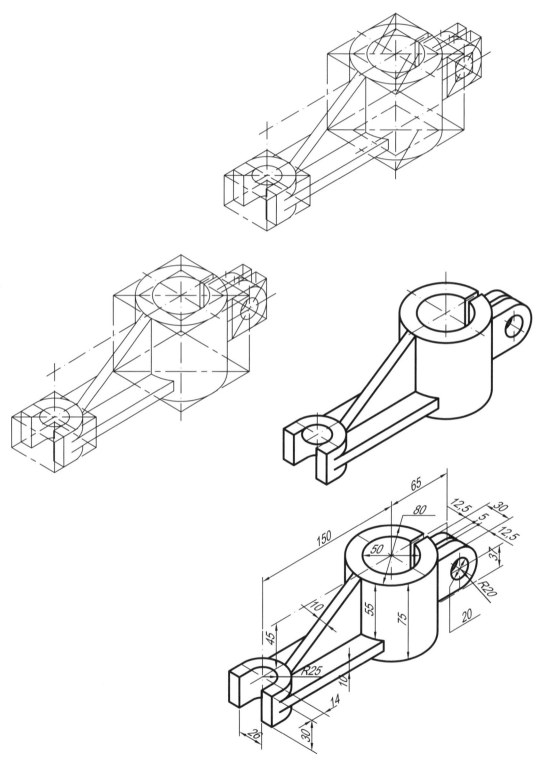

Figura 4.24 Sequência para o traçado da perspectiva isométrica de uma peça mais complexa, com circunferências em planos diferentes e linhas não isométricas.

4.4 Perspectiva Dimétrica (ou Bimétrica)

Na dimetria (ou bimetria), dois eixos possuem ângulos diferentes, e o terceiro permanece na vertical. Embora teoricamente esses ângulos possam ter valores variáveis, na prática usam-se 7° e 42°, onde as dimensões dos eixos a 7° e vertical mantêm as medidas reais, ou seja, escala 1/1. Já as dimensões do eixo a 42° são reduzidas entre 1/2 e 2/3, dependendo de sua dimensão e detalhes específicos, tais como furos e rasgos. O objetivo dessas reduções é não causar deformações visuais que deixem a perspectiva com um aspecto não muito agradável.

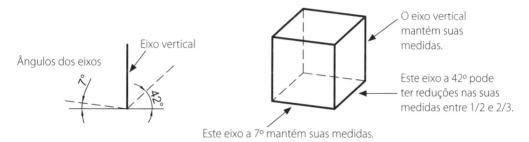

Figura 4.25 Perspectiva dimétrica de um cubo.

A seguir é mostrada a perspectiva dimétrica de uma peça com particularidades dimensionais.

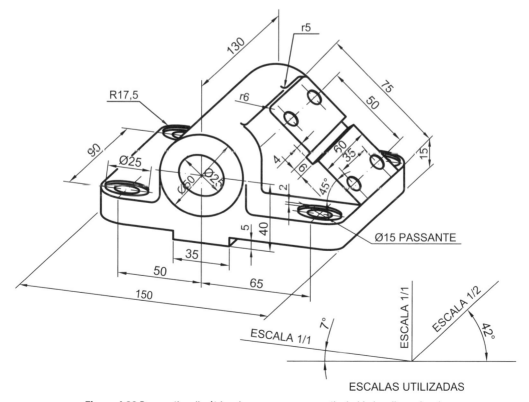

Figura 4.26 Perspectiva dimétrica de uma peça com particularidades dimensionais.

4.5 Perspectiva Trimétrica (ou Anisométrica)

Neste tipo de perspectiva, o objeto é representado com inclinações diferentes em relação a cada eixo e as medidas das unidades dos três eixos possuem diferentes escalas ou valores entre si, ou seja, os três eixos sofrem redução. Essa característica torna a Trimétrica mais trabalhosa que as demais perspectivas e, portanto, não é muito utilizada (as reduções exigem alguns cálculos trigonométricos). Considerando-se ângulos de 15° e 30°, tem-se reduções de 0,5 e 0,9, conforme mostrado no desenho a seguir de um cubo em perspectiva trimétrica.

Deve ser ressaltado que, com o desenvolvimento de programas para desenho em 3D, ficou fácil e rápido desenhar objetos em perspectiva, inclusive girando-se em diferentes ângulos, até se chegar à posição que mostre o objeto da forma mais clara (e esteticamente agradável).

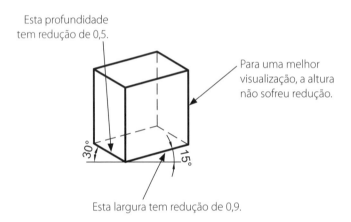

Figura 4.27 Desenho em perspectiva trimétrica.

As figuras a seguir mostram a mesma peça representada em três tipos diferentes de perspectivas, podendo-se notar que a trimétrica, neste caso, apresenta a melhor aparência, ou seja, fica representada da melhor forma.

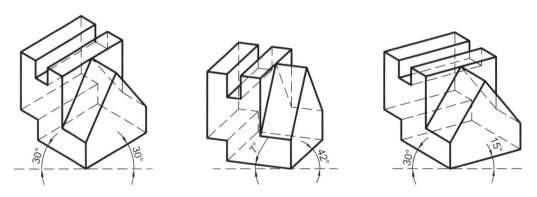

Figura 4.28 Representação de uma mesma peça em três perspectivas diferentes: isométrica, dimétrica e trimétrica, em que esta última possui a melhor aparência.

4.6 Comparação entre Tipos de Perspectiva, Considerando o Mesmo Cubo

Os desenhos a seguir (Figura 4.29) mostram um cubo, com as mesmas dimensões, representado nas diferentes perspectivas estudadas. A altura da perspectiva trimétrica foi desenhada com o mesmo valor das demais, mas teoricamente deve ser calculado seu fator de redução.

Deve ser ressaltado que uma rápida análise visual mostra que, para o cubo citado, das cinco perspectivas mostradas, duas sobressaem como a de melhor aspecto visual e boa compreensão do objeto: a dimétrica e a trimétrica. Em princípio, cada objeto possui sua melhor perspectiva. A seção a seguir apresenta um bom exemplo de qual perspectiva deve ser utilizada.

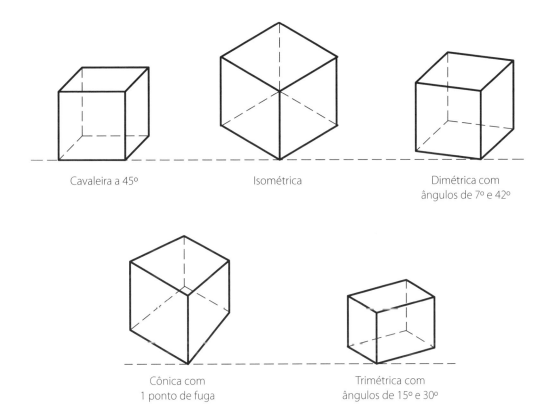

Figura 4.29 Cubo com as mesmas dimensões, representado nas perspectivas estudadas.

4.7 Escolha da Perspectiva que Apresenta a Melhor Visão Tridimensional

Os desenhos a seguir mostram a mesma peça mecânica, desenhada em cinco opções de perspectiva, concluindo-se qual a que apresenta a melhor visão tridimensional.

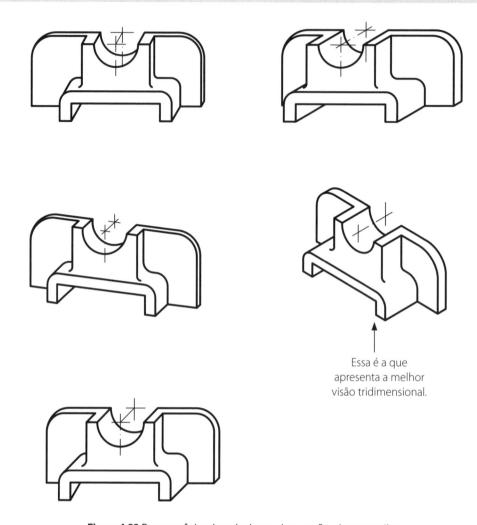

Figura 4.30 Peça mecânica desenhada em cinco opções de perspectiva.

4.8 Observação sobre Perspectiva (Tridimensional) e Vista Ortográfica (Bidimensional)

Assim como uma imagem vale mais do que mil palavras, é mais fácil entender um objeto ou peça a partir de sua perspectiva isométrica, por exemplo, do que apenas analisando suas projeções em planos ortogonais (vistas ortográficas). O ideal é que, por maiores que sejam os detalhes mostrados nas vistas do desenho técnico, seja mostrada uma imagem do objeto ou peça como um todo, em uma representação espacial ou tridimensional. Com programas de representação gráfica cada vez mais completos, está cada vez mais fácil e rápido mostrar uma representação espacial em perspectiva no desenho técnico da peça ou objeto. Trata-se de entender as coisas do concreto (o desenho em perspectiva) para o abstrato (as vistas ortográficas). Vamos analisar as vistas ortográficas a seguir e compará-las com a imagem de sua perspectiva isométrica.

As três vistas ortográficas principais (veja origem dessas vistas na Seção 5.3, no Capítulo 5).

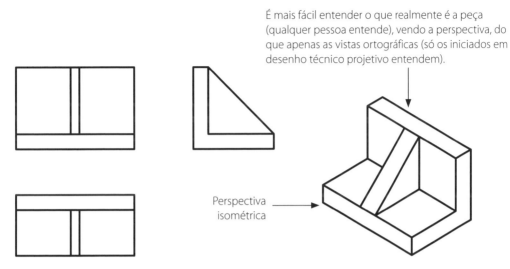

Figura 4.31 Três vistas ortográficas principais.

4.9 Perspectiva de Conjunto de Peças ou "Vista Explodida"

Especialmente em aparelhos eletrodomésticos, é comum que sejam feitos desenhos em perspectiva (visão tridimensional), expondo cada uma das partes componentes e peças, mostradas exatamente na posição onde é montada, de forma a facilitar a montagem, operação ou uso e as manutenções. O termo "vista explodida" vem desta imagem: fica parecendo que o aparelho ou máquina sofreu uma "explosão", partindo-se ou estilhaçando-se nas diversas partes componentes.

Com os modernos programas de desenho 3D, ou tridimensional, fica bastante fácil utilizar este recurso, que em muito facilita o entendimento do conjunto, já que as partes componentes aparecem na forma tridimensional, exatamente nas suas posições de funcionamento. No Programa *SolidWorks*, você cria projetos em um ambiente 3D e desenhos 2D com base no modelo 3D.

CONSIDERAÇÕES DO CAPÍTULO

Os desenhos técnicos projetivos compreendem tanto as vistas ortográficas, que representam em duas dimensões objetos ou peças tridimensionais, quanto as perspectivas, que, apesar de feitas no plano, ou seja, duas dimensões, dão a "ideia" de três dimensões, com o efeito da profundidade. Neste capítulo foram mostradas as principais perspectivas usadas em desenho técnico projetivo. Deve ser lembrado, conforme visto na Seção 4.7, que, dependendo dos detalhes e características geométricas da peça ou objeto a ser desenhado, determinada perspectiva apresenta uma melhor visualização, melhor entendimento. Ou seja, dependendo do objeto ou peça, usa-se uma ou outra perspectiva.

Exercício

E.4.1 Faça as Perspectivas Cavaleiras, da peça a seguir, considerando os três ângulos utilizados, 30°, 45° e 60°, e usando as reduções nas dimensões, conforme mostrado na Seção 4.2. Faça tanto com instrumento, usando uma escala (no caso 1/1), quanto à mão livre, de forma proporcional.

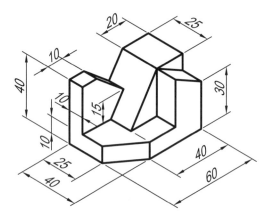

▶ Desafio

D.4.1 Em sua própria casa, avalie um móvel qualquer, por exemplo uma mesa, meça todas as suas dimensões e depois faça sua perspectiva cônica, à mão livre, considerando apenas um ponto de fuga.

Origem e Detalhes das Vistas Ortográficas

Os desenhos técnicos projetivos compreendem tanto as perspectivas (desenhos tridimensionais), já mostradas no Capítulo 4, quanto as vistas ortográficas em duas dimensões (desenhos bidimensionais). Neste capítulo é mostrada a origem das vistas ortográficas, que advêm do conceito de projeção cilíndrica ortogonal. São mostrados os conceitos, considerando o 1º diedro (usado no Brasil), bem como o 3º diedro de projeção (usado nos EUA e Canadá).

5.1 Conceito de Projeção

A Geometria Descritiva (GD) usa um sistema de projeção cilíndrica e ortogonal, ou seja, como pertencente a um cilindro e fazendo 90° com o plano de projeção. As primeiras ideias de projeção de uma figura sobre um plano muito provavelmente se originaram da observação da projeção da sombra de uma árvore em função da luz do Sol. As primeiras projeções eram cônicas, exatamente como o olho humano vê as coisas. Isso pode ser confirmado quando se está em um grande corredor ou quando se olha um longo trilho de uma ferrovia. A sensação que se tem é a de que as linhas se encontram, quando na verdade são paralelas, ou seja, a distância é constante. Na sequência pensou-se na projeção cilíndrica oblíqua, ou seja, inclinada em relação ao plano de projeção e, posteriormente, na projeção cilíndrica ortogonal, ou método mongeano. As figuras a seguir ilustram esses detalhes.

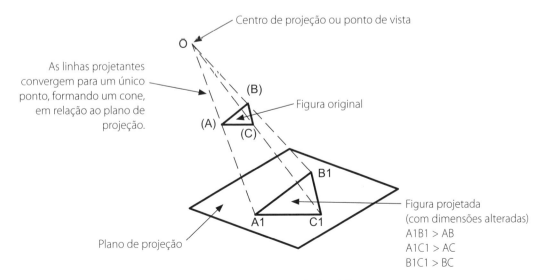

Figura 5.1 Conceito da projeção cônica.

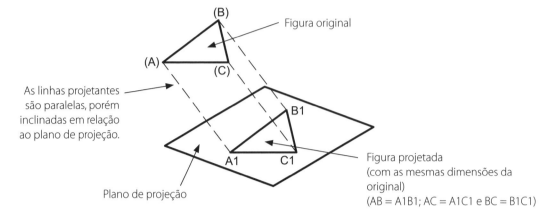

Figura 5.2 Conceito da projeção cilíndrica oblíqua.

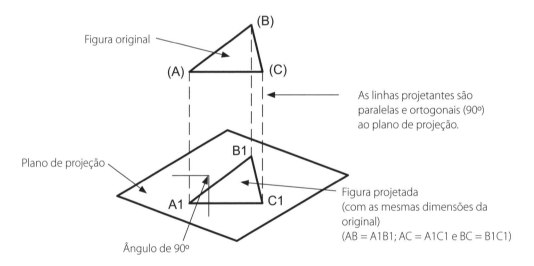

Figura 5.3 Conceito da projeção cilíndrica ortogonal (base do desenho técnico projetivo).

O termo "cilíndrica" vem do conceito de que as linhas projetantes parecem estar sobre a superfície de um cilindro.

5.2 Método de Monge e Representação Gráfica pelo Desenho Técnico Projetivo

De acordo com registros históricos, o primeiro uso do desenho técnico consta no álbum de desenho da Livraria do Vaticano, já que no ano de 1490, aos 47 anos de idade, o italiano Giuliano de Sangalo (1443-1516), escultor, arquiteto e engenheiro militar, já usava planta e elevação, ou seja, já representava objetos considerando a vista de cima ou superior e a vista de frente ou frontal, exatamente como são feitos os desenhos técnicos atuais.

Em 1795, Gaspard Monge (1746-1818), aos 49 anos de idade, criou um método com base na dupla projeção ortogonal de um objeto tridimensional. Monge era matemático e foi quem criou tanto a Geometria Descritiva (base do desenho técnico projetivo) quanto a Geometria Diferencial. Essas duas projeções, chamadas de vista de cima ou superior ou planta e a vista de frente ou frontal ou anterior, representadas em dois planos ortogonais ou perpendiculares (posteriormente denominados π e π'), passaram a ser representadas em um único plano, através de um rebatimento, gerando o que se chama em Geometria Descritiva de épura. Foi a partir do método mongeano e dos conceitos dos diedros de projeções que se chegou à representação gráfica bidimensional de peças e objetos a partir das normas e procedimentos do desenho técnico projetivo.

Posteriormente, criou-se o terceiro plano ou plano de perfil (denominado π''), permitindo a representação em três vistas e, no processo evolutivo do Desenho Projetivo, chegou-se à concepção de imaginar o objeto no interior de um hexaedro ou cubo, permitindo a representação em até seis vistas, como será visto adiante, na Seção 5.4.

O desenho técnico projetivo, tal qual é representado hoje, século XXI, foi uma evolução da Geometria Descritiva, em função da rápida necessidade imposta por problemas de engenharia, principalmente em função da Primeira Revolução Industrial, que ocorreu entre 1780 e 1860.

Deve ser destacado que Gaspard Monge, ao publicar seu livro de Geometria Descritiva, em 1795, na verdade demonstrou como seria a projeção cilíndrica de uma reta nos dois planos ortogonais π e π'. Posteriormente, viu-se a possibilidade de se projetar objetos tridimensionais em dois planos, já que as arestas desses objetos na verdade são retas tais quais estudadas pela Geometria Descritiva.

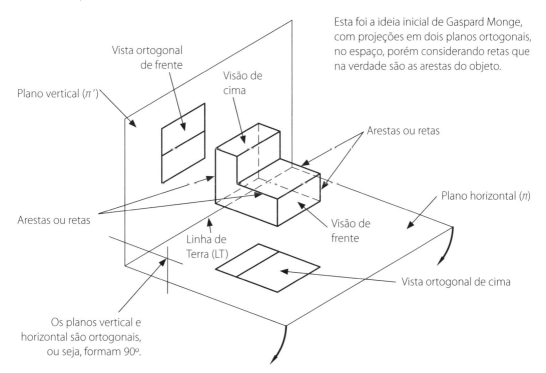

Figura 5.4 Representação espacial da concepção original de Gaspard Monge, sobre a projeção cilíndrica ortogonal em dois planos.

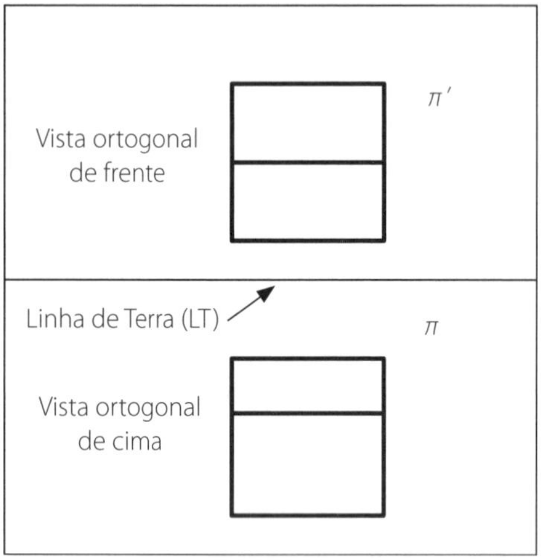

Vista ortogonal de frente	π'	←	Rebatendo ou girando o plano horizontal para baixo, obtém-se uma planificação, chamada épura. Ou seja, Monge criou um método que possibilitou representar um objeto tridimensional (X, Y, Z) em duas projeções ortogonais (X, Y). Este é o conceito básico do desenho técnico projetivo.
Linha de Terra (LT)	π		Mais à frente será visto que, na prática, não são representadas as linhas dos planos π e π', bem como a Linha de Terra (LT).
Vista ortogonal de cima			

Figura 5.5 Exemplo de uma projeção cilíndrica ortogonal de um objeto em dois planos.

5.3 Terceiro Plano de Projeção ou Plano de Perfil π'' (Pi Duas Linhas). 1º Triedro

Com a evolução da complexidade das peças a serem desenhadas, apenas duas projeções não davam boa compreensão aos desenhos e, então, foi concebido o terceiro plano de projeção, obtendo-se três projeções ou vistas. Teoricamente, este Plano de Perfil divide o espaço R_3 em quatro triedros, mas, na prática, tanto da Engenharia quanto da Arquitetura e do Desenho Industrial, os desenhos técnicos são conduzidos apenas nos 1º e 3º triedros.

Na Europa e no Brasil usam-se o conceito do 1º triedro, enquanto nos EUA trabalha-se no 3º triedro. Na verdade, na prática do Desenho Técnico usa-se o termo diedro, em vez de triedro, ou seja, os desenhos seguem a planificação do 1º ou 3º diedro. Em Desenho Técnico, o conceito das seis vistas ortográficas utilizadas no Brasil e Europa é baseado na planificação do 1º diedro. Nos EUA e Canadá, eles utilizam o conceito do 3º diedro.

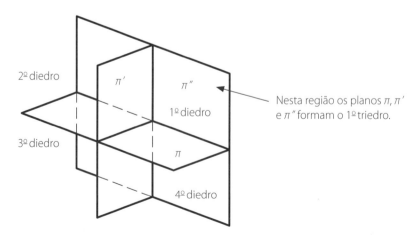

Figura 5.6 O terceiro plano de projeção, o plano de perfil (PP) ou π'' (Pi duas linhas).

Quando se faz a épura do 1º triedro, além da rotação para baixo do Plano Horizontal (PH) ou π, faz-se a rotação do Plano de Perfil (PP) ou π'' no sentido anti-horário, como mostrado a seguir.

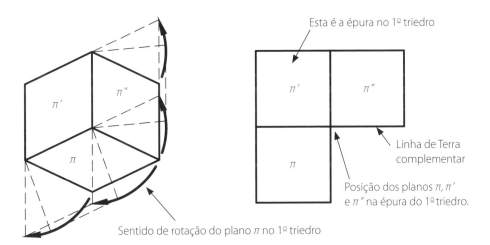

Figura 5.7 Planificação (épura) dos três planos de projeções (π, π' e π'') no 1º triedro.

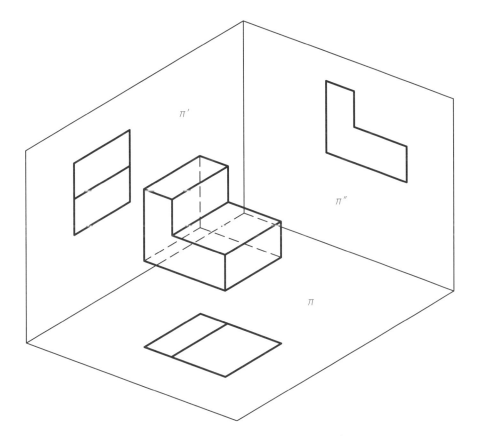

Figura 5.8 Visão espacial de um objeto projetado em três planos.

Estas são as chamadas três vistas ortográficas principais.

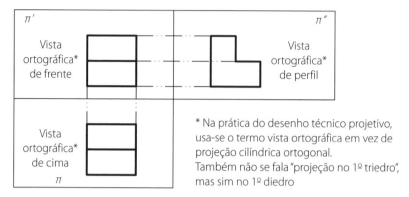

* Na prática do desenho técnico projetivo, usa-se o termo vista ortográfica em vez de projeção cilíndrica ortogonal.
Também não se fala "projeção no 1º triedro", mas sim no 1º diedro

Figura 5.9 Exemplo de uma projeção cilíndrica ortogonal de um objeto em três planos, no caso considerando o 1º diedro.

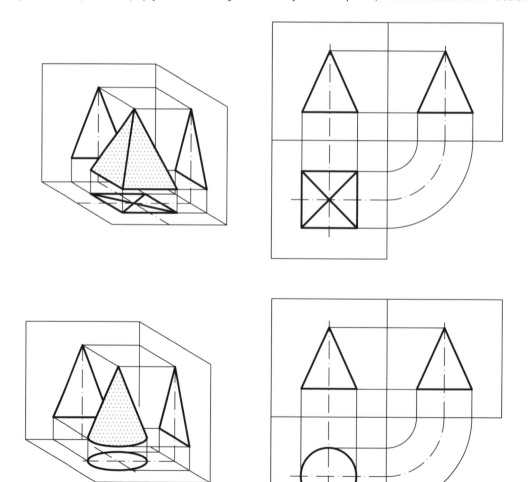

Figura 5.10 Exemplos de projeções de objetos no 1º diedro.

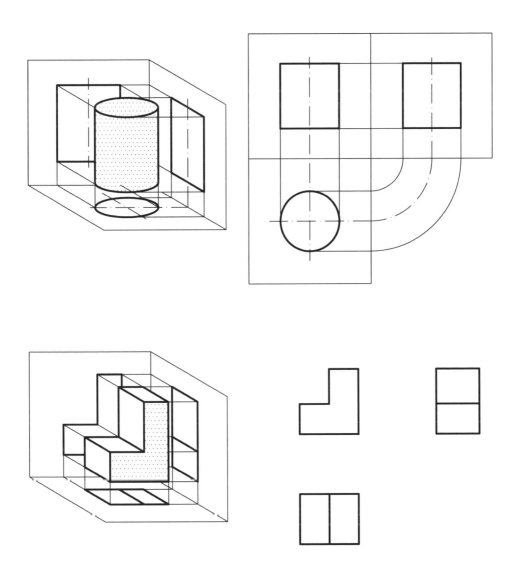

Figura 5.11 Exemplos de projeções de objetos no 1º diedro.

Do ponto de vista teórico, objetos podem ser posicionados ou analisados de qualquer jeito, como mostrado a seguir, porém na prática do desenho técnico projetivo sempre se coloca o objeto com seus planos paralelos aos planos π, π' e π''.

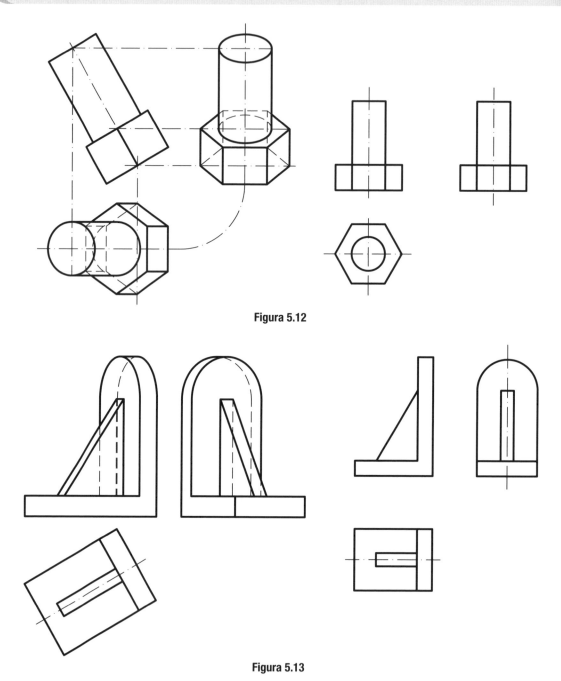

Figura 5.12

Figura 5.13

Figuras 5.12 e 5.13 Objetos paralelos aos planos π, π' e π''.

Em alguns casos, como os mostrados adiante, não se consegue que todos os planos do objeto fiquem paralelos aos π, π' e π'', quando, então, usa-se o artifício da vista ortográfica auxiliar, que na Geometria Descritiva é fundamentada pelas operações de rotação e rebatimento de planos, com o objetivo de se obter a "verdadeira grandeza" das arestas. O conceito de vista auxiliar é abordado na Seção 6.1.

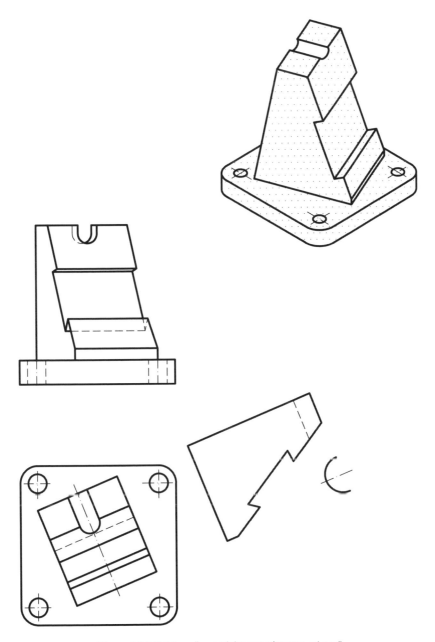

Figura 5.14 Objetos não paralelos aos planos π, π′ e π″.

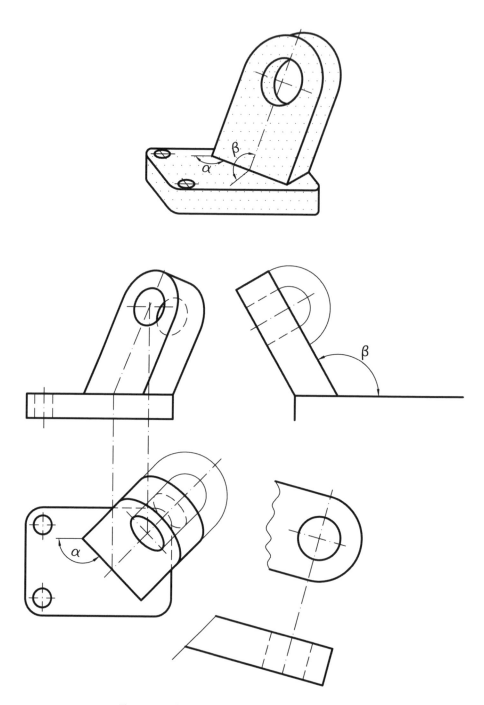

Figura 5.15 Objetos não paralelos aos planos π, π′ e π″.

5.4 Vistas Ortográficas em Seis Planos (Hexaedro Básico), no 1º Diedro

Na prática, especialmente de problemas de Engenharia, Arquitetura e Desenho Industrial, muitos objetos ou peças têm tal complexidade que apenas essas três vistas não são suficientes para sua representação e entendimento. Para solucionar essa dificuldade, surgiu o conceito de imaginar os objetos ou peças dentro do 1º triedro, mas com a adição de mais três planos paralelos, respectivamente, a π, π' e π'', formando o hexaedro básico (com seis planos) usado em desenho técnico projetivo e que possibilita a representação gráfica a partir de seis posições, ou melhor, das seis vistas ortográficas.

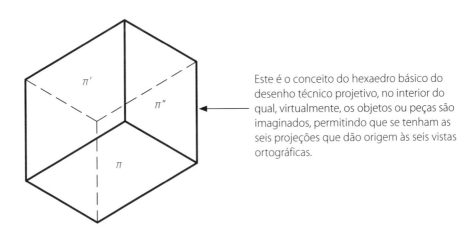

Figura 5.16 Conceito do hexaedro básico do desenho técnico projetivo.

Como ficam as seis projeções deste prisma, considerando-se o conceito do hexaedro básico do desenho técnico projetivo? Como é feita a rotação dos três planos auxiliares? Como fica a planificação dos seis planos? Como ficam as seis vistas ortográficas?

5.4.1 Rotação ou rebatimento dos planos do hexaedro básico, considerando o 1º diedro

O hexaedro básico, considerando-se o 1º diedro, é planificado da seguinte maneira: mantém-se o plano vertical π' fixo (aqui representado em linha contínua pelos pontos A, B, C, D); o plano horizontal π (representado pelos pontos C, D, H, G) gira para baixo, ou seja, no sentido horário; o plano de perfil π'' (representado pelos pontos A, C, E, H) gira para a direita, no sentido anti-horário; o plano superior paralelo ao horizontal π (representado pelos pontos A, B, E, F) gira para cima; o plano lateral paralelo ao de perfil π'' (representado pelos pontos B, D, F, G) gira para a esquerda; e o plano frontal paralelo ao vertical π' (representado pelos pontos E, F, G, H) acompanha o giro do plano de perfil π'', para a direita e também no sentido anti-horário. As figuras a seguir mostram todo esse rebatimento e planificação, dando origem às seis vistas ortográficas. Os planos π', π e π'' agora são numerados como 1, 2 e 3, respectivamente.

Capítulo 5

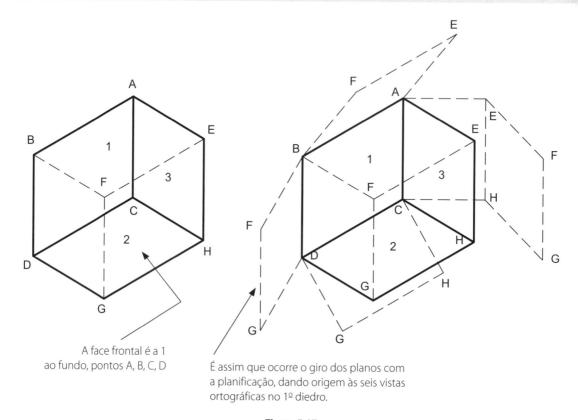

A face frontal é a 1 ao fundo, pontos A, B, C, D

É assim que ocorre o giro dos planos com a planificação, dando origem às seis vistas ortográficas no 1º diedro.

Figura 5.17

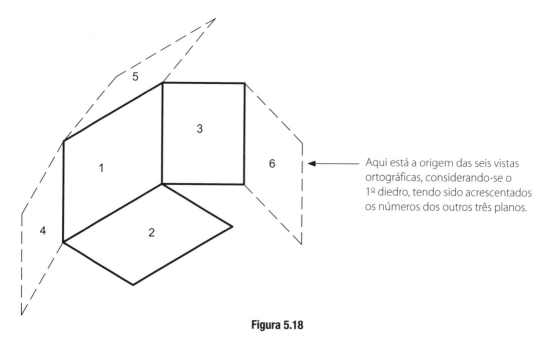

Aqui está a origem das seis vistas ortográficas, considerando-se o 1º diedro, tendo sido acrescentados os números dos outros três planos.

Figura 5.18

Figuras 5.17 e 5.18 Rebatimento e planificação dos planos do hexaedro básico, considerando o 1º diedro.

Origem e Detalhes das Vistas Ortográficas

Após a rotação ou rebatimento dos planos do hexaedro básico no 1º diedro, tem-se uma planificação com os seis planos, constituindo as seis vistas ortográficas usadas no desenho técnico projetivo. Essa forma de planificar o hexaedro, bem como o nome das vistas, está descrita no parágrafo 4.2 da norma ABNT NBR 10067, que fixa os princípios gerais de representação em desenho técnico projetivo. Este mesmo parágrafo cita que a vista de trás (6) também pode ser posicionada à esquerda, em caso de conveniência.

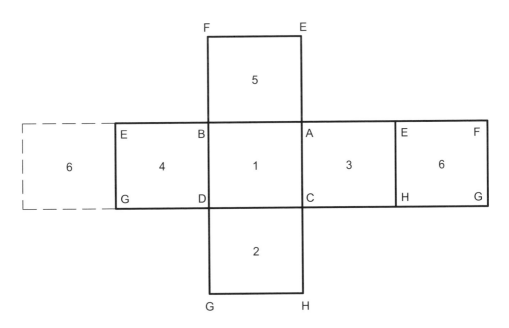

Figura 5.19 Posição das seis vistas ortográficas no 1º diedro.

Segundo o parágrafo 4.6.1 da NBR 10067, com exceção da vista de frente, por necessidade ou conveniência, as vistas podem ser representadas em outras posições.

Em desenho técnico projetivo essas seis vistas ortográficas recebem os seguintes nomes.

1 – Vista de frente ou frontal ou anterior.
2 – Vista superior ou de cima ou planta.
3 – Vista lateral esquerda ou de perfil.
4 – Vista lateral direita.
5 – Vista inferior ou de baixo.
6 – Vista posterior ou de trás.

Deve ser observado que, devido à forma do rebatimento, a vista superior fica embaixo, a inferior em cima, a lateral esquerda fica na direita e a lateral direita fica na esquerda. Na prática do Desenho Técnico Projetivo não são representados os planos, nem as linhas de projeção, mas sim apenas as seis vistas ortográficas. Mais à frente, será visto que têm de aparecer também todas as dimensões necessárias. Estas são chamadas de cotas.

Considerando-se o objeto a seguir e considerando-se a face escolhida como a de frente ou frontal ou anterior, suas seis vistas ortográficas, no 1º diedro, ficam conforme a Figura 5.20, com várias observações.

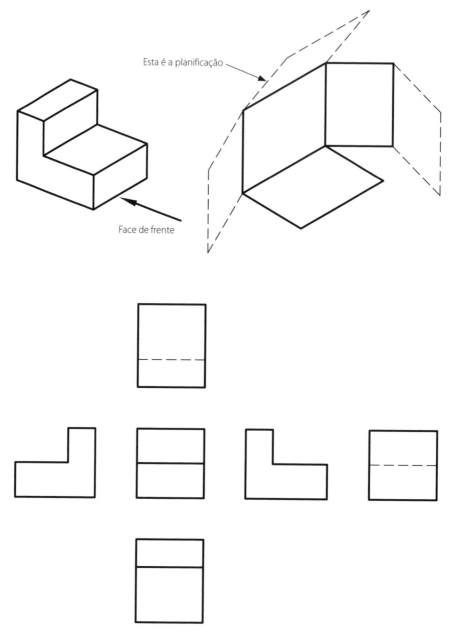

Figura 5.20 Seis vistas ortográficas do objeto.

Notas:

1. Foi escolhida determinada vista como a de frente, porém poderia ter sido outra. Neste caso, as vistas teriam as mesmas dimensões, porém em posições diferentes.
2. As linhas tracejadas, que aparecem na vista inferior ou de baixo e na vista de trás ou posterior, significam que estas arestas não visíveis existem, mas estão "encobertas" ou escondidas atrás de uma massa compacta do objeto. É assim que arestas não visíveis são representadas em desenho técnico projetivo e segundo a norma NBR 8403.

3. O espaçamento entre as vistas deve ser o mesmo e, como será visto com mais detalhes adiante, independentemente da escala utilizada, este espaçamento deve ser de, no mínimo, 50 mm (5 cm), na escala de 1:1.
4. As vistas laterais direita e esquerda, obviamente, são de mesmas dimensões, porém, em função do conceito de planificação, aparecem invertidas. O mesmo ocorre com as vistas superior e inferior, só que neste caso uma aresta fica tracejada, ou não visível, na vista inferior.

Uma vez escolhida, para o mesmo objeto, outra face como de frente (Figura 5.21), as "novas" seis vistas ortográficas ficam conforme a Figura 5.22.

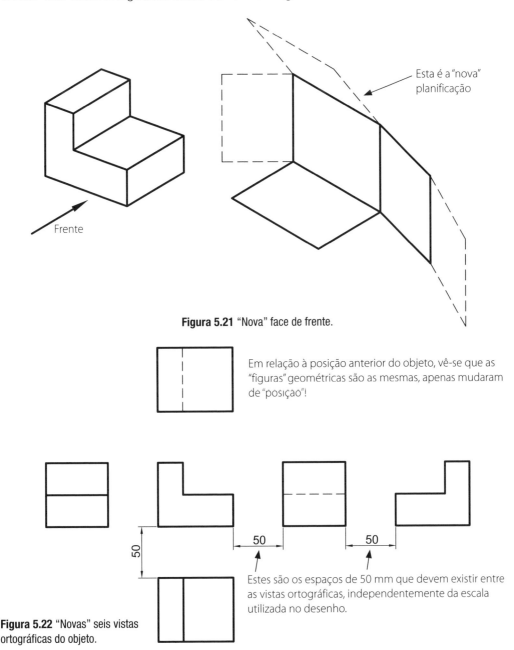

Figura 5.21 "Nova" face de frente.

Em relação à posição anterior do objeto, vê-se que as "figuras" geométricas são as mesmas, apenas mudaram de "posição"!

Estes são os espaços de 50 mm que devem existir entre as vistas ortográficas, independentemente da escala utilizada no desenho.

Figura 5.22 "Novas" seis vistas ortográficas do objeto.

Na "prática" (não é uma norma) do desenho técnico projetivo, escolhe-se como face frontal aquela de maiores dimensões e/ou que tenha a maior quantidade de arestas visíveis nesta face. Quantas vistas ortográficas são feitas em um desenho técnico projetivo profissional?

O profissional analisa o objeto e procura entender quais são as essenciais, ou seja, são desenhadas apenas as vistas estritamente necessárias para o entendimento e uso do objeto. Por exemplo, para o objeto representado na Figura 5.23, bastam apenas duas vistas: a de frente e a superior, pois com apenas essas duas vistas podem ser indicadas todas as formas e dimensões ou cotas do objeto, permitindo sua interpretação e, consequentemente, sua fabricação.

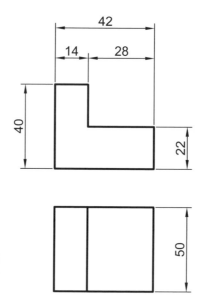

Com apenas estas duas vistas e as cotas indicadas, o objeto fica compreensível, ou seja, não é necessário gastar tempo e espaço para fazer outras vistas.

Figura 5.23 Objeto representado na Figura 5.22, com apenas duas vistas e as cotas indicadas.

É muito comum, para quem está iniciando no estudo do desenho técnico projetivo, fazer mais vistas ortográficas do que as necessárias e, quase sempre, perguntam ao professor: Como vou saber quais as vistas necessárias? Uma boa resposta é: quase todo objeto consegue ser representado com duas ou três vistas, quais sejam: a de frente, a superior e uma lateral. Se, fazendo três vistas, uma fica sem necessidade de ser cotada (veja o Capítulo 8), isto significa que esta vista é desnecessária, já que todas as informações constam em apenas duas.

Existe algum objeto que necessita de apenas uma vista ortográfica? Sim. Por exemplo, um cilindro maciço! Este conceito é conhecido como supressão de vista.

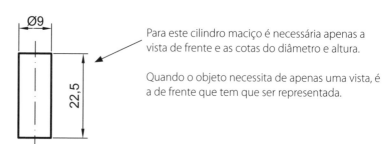

Para este cilindro maciço é necessária apenas a vista de frente e as cotas do diâmetro e altura.

Quando o objeto necessita de apenas uma vista, é a de frente que tem que ser representada.

Figura 5.24 Cilindro maciço.

Origem e Detalhes das Vistas Ortográficas **77**

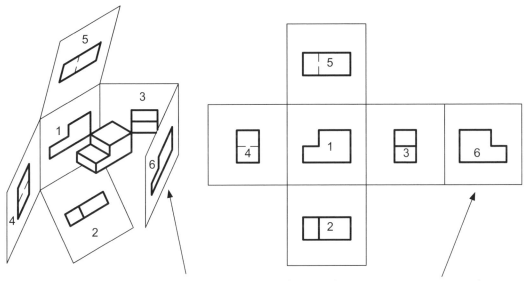

Deve ser observado que, quando a vista de trás ou posterior gira para a direita, ao se planificar, ela muda e fica na posição invertida em relação à vista de frente.

Figura 5.25 Visualização espacial e projetiva de uma peça, considerando o hexaedro básico no 1º diedro.

Exercícios

E.5.1 Fazer as seis vistas ortográficas da peça a seguir (considerando o 1º diedro), em função da face escolhida como vista de frente.

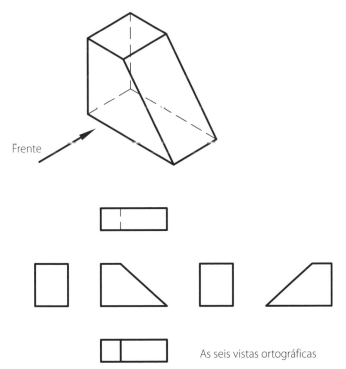

As seis vistas ortográficas

E.5.2 Faça as seis vistas ortográficas das seguintes peças (considerando o 1º diedro).

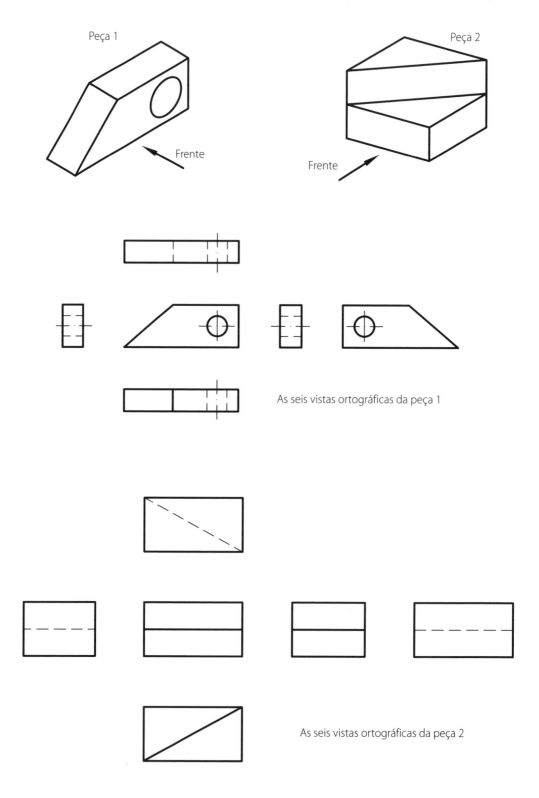

5.5 Rotação ou Rebatimento dos Planos do Hexaedro Básico, Considerando o 3º Diedro

No Brasil os desenhos técnicos projetivos são feitos considerando-se o objeto ou peça no 1º diedro, mas em alguns outros países, como por exemplo os EUA e o Canadá, trabalha-se no 3º diedro. Como é normal a importação de máquinas e objetos destes países, é normal que na prática brasileiros tenham que interpretar desenhos feitos no 3º diedro, ou seja, temos que saber também esta particularidade, que é fácil.

As diferenças entre a forma de projetar nos 1º e 3º diedros estão relacionadas com a forma como se situam o observador, o objeto a ser projetado e o plano de projeção. As Figuras 5.26 (a) e (b) mostram estas diferenças.

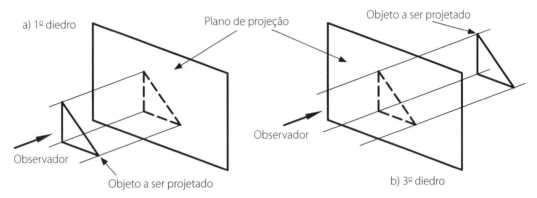

Figura 5.26 Conceito da projeção no 1º e 3º diedros.

A seguir é mostrado como se realiza a rotação ou rebatimento ou planificação do hexaedro básico, quando se considera o 3º diedro.

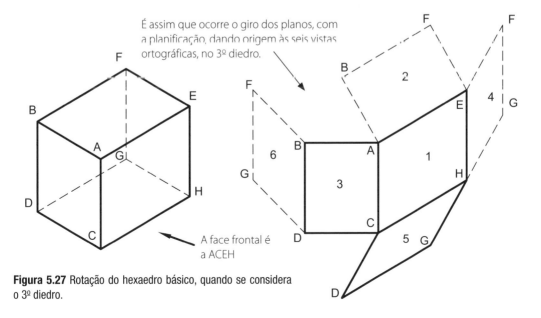

Figura 5.27 Rotação do hexaedro básico, quando se considera o 3º diedro.

Após a rotação ou rebatimento dos planos do hexaedro básico no 3º diedro, tem-se uma planificação com os seis planos, constituindo as seis vistas ortográficas usadas no desenho técnico projetivo. Essa forma de planificar o hexaedro, bem como o nome das vistas, está descrita no parágrafo 4.3, da norma ABNT NBR 10067, que fixa os princípios gerais de representação em desenho técnico projetivo. Este mesmo parágrafo cita que a vista de trás também pode ser posicionada à direita, em caso de conveniência.

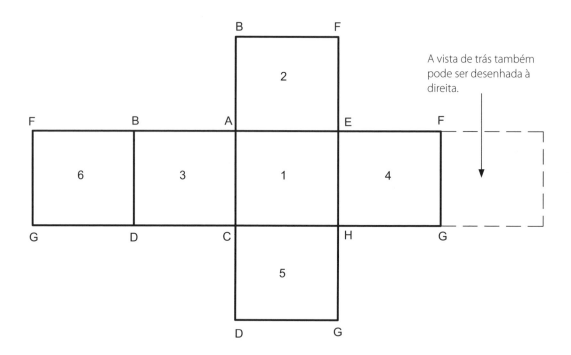

Figura 5.28 Seis vistas ortográficas no 3º diedro.

As seis vistas ortográficas, considerando o 3º diedro, recebem os seguintes nomes:

1 – De frente, anterior ou frontal.
2 – Superior, planta ou de cima.
3 – Lateral esquerda.
4 – Lateral direita.
5 – Inferior ou de baixo.
6 – De trás ou posterior.

Estas vistas estão "invertidas" em relação às vistas no 1º diedro, como visto na Figura 5.19. Deve ser observado que olha-se por um lado e representa-se exatamente como se vê, ou seja, como uma "parede de vidro". O conceito de perspectiva cônica, como concebido em 1413 pelo arquiteto Brunelleschi, foi baseado nesta forma de "ver" os objetos (veja a Seção 4.1).

Origem e Detalhes das Vistas Ortográficas **81**

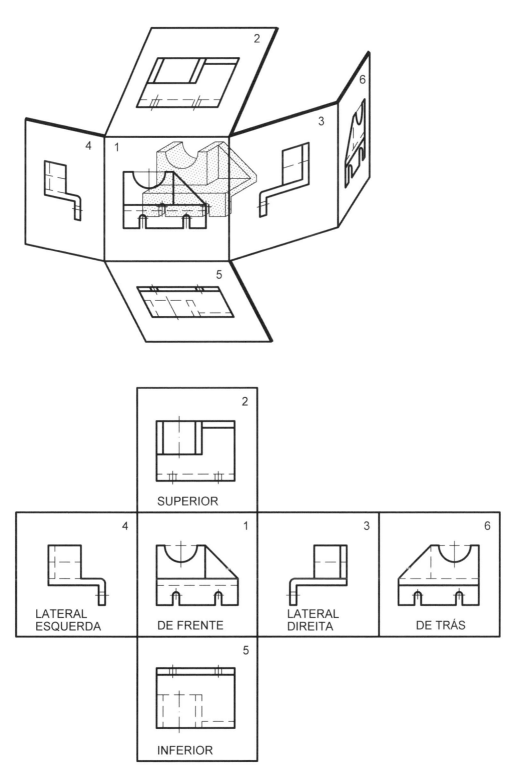

Figura 5.29 Visualização espacial e projetiva de uma peça, considerando o hexaedro básico no 3º diedro.

82 Capítulo 5

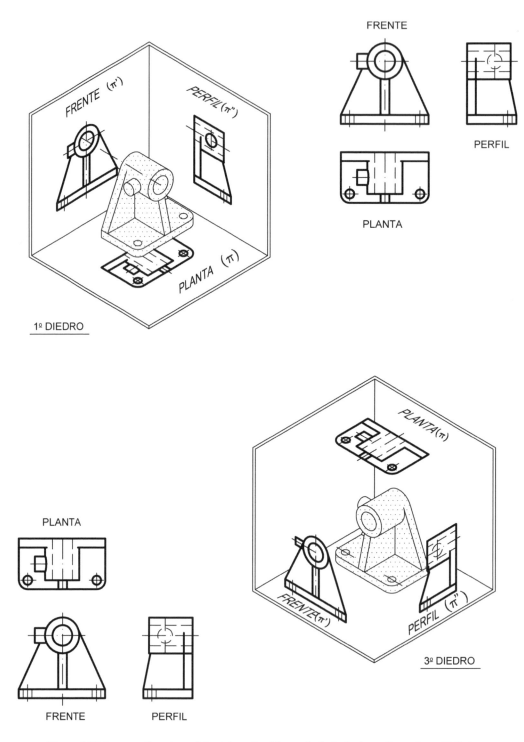

Figura 5.30 Comparação entre as três vistas ortográficas principais, tanto no 1º quanto no 3º diedro.

Origem e Detalhes das Vistas Ortográficas **83**

Exercícios resolvidos

E.5.3 Fazer as seis vistas ortográficas do objeto a seguir, considerando o 3º diedro. Lembre-se de que esta é a planificação no 3º diedro.

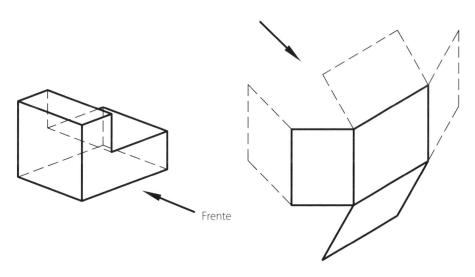

Estas são as seis vistas ortográficas do objeto no 3º diedro

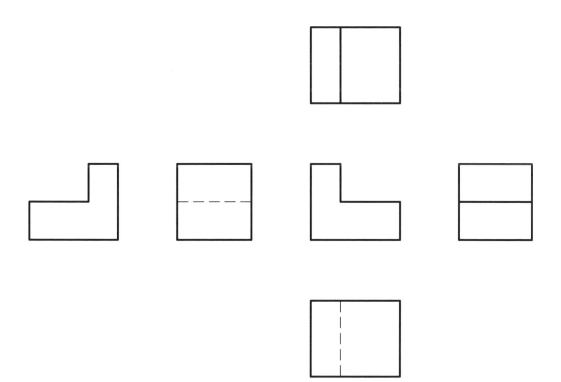

E.5.4 Fazer as seis vistas ortográficas da peça a seguir (considerando o 3º diedro), em função da face escolhida como a de frente.

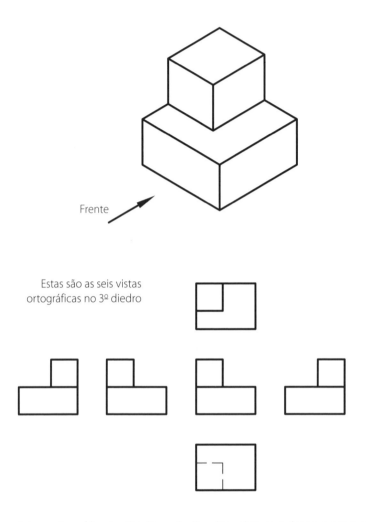

E.5.5 Fazer as vistas ortográficas, citadas e indicadas, das seguintes peças representadas em perspectiva cavaleira a 45°.

(a) De frente e lateral direita (b) De frente e lateral esquerda

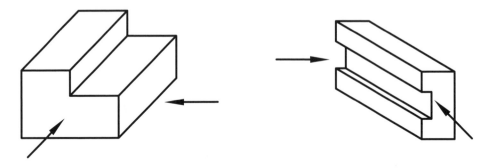

Origem e Detalhes das Vistas Ortográficas **85**

(c) De frente e superior

(d) De frente, superior e lateral esquerda

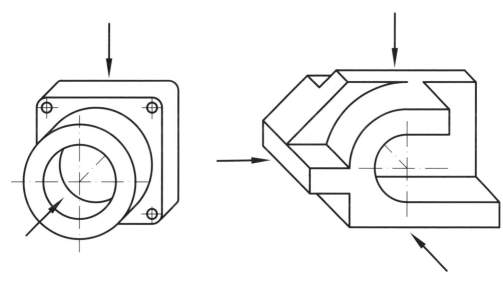

Resolução da peça (a)　　　　　　　　Resolução da peça (b)

Resolução da peça (c)

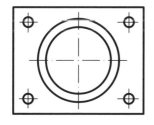

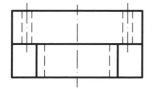

Resolução da peça (d)

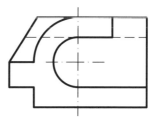
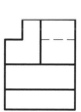

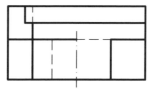

Figura 5.31 Exemplos comparativos entre peças representadas no 1º e 3º diedros.

Origem e Detalhes das Vistas Ortográficas **87**

Figura 5.32 Exemplos comparativos entre peças representadas no 1º e 3º diedros.

88 Capítulo 5

5.6 Exemplos de Alguns Tipos de Concordâncias entre Retas e Curvas e entre Curvas

Embora não seja escopo deste livro mostrar as diversas construções e métodos geométricos, é importante que sejam mostradas as concordâncias a seguir, que possuem várias particularidades em relação à maioria das construções mais frequentes.

5.7 Sequência para o Traçado de um Desenho Técnico Projetivo

Uma vez que já se conhece o conceito de projeções cilíndricas ortogonais e os métodos para o desenho de vistas ortográficas de um objeto, torna-se possível sua real execução, ou seja, literalmente executar um desenho técnico projetivo.

Estes desenhos podem ser feitos à mão livre, no caso de esboços, rascunhos ou *croquis*, com instrumentos (esquadro e compasso), bem como, e cada vez mais, com o uso de programas de computador, sendo o principal deles o AutoCAD®, inclusive na sua versão 3D, que permite a representação tanto das vistas ortográficas quanto da perspectiva ou imagem tridimensional do objeto.

Independentemente da forma como o desenho será executado, existem procedimentos e sequências a serem seguidas que, além de permitirem um desenho correto, evitam perda de tempo. A seguir são citadas as etapas para uma boa execução de um desenho técnico projetivo.

1ª etapa Escolher quais vistas ortográficas serão realmente necessárias. Como já citado, cada peça ou objeto, em função de sua geometria e particularidades, possui um número de vistas necessárias.

2ª etapa Definir como o desenho será executado: à mão livre, com instrumentos ou via computador, pois cada método tem suas particularidades.

3ª etapa Definir a escala a ser usada e, no caso de desenho à mão livre, quais proporções serão utilizadas.

4ª etapa Sendo o desenho feito com instrumentos e em papel, procura-se colocar as vistas da forma mais equilibrada possível, evitando concentrar o desenho em um só canto, ou seja, a folha ficando "desequilibrada". Usa-se o formato de papel de modo a atender o mínimo necessário, ou seja, não se usa, por exemplo, um formato A1 quando se pode usar um A3. Também cabe observar os espaços para a escrita de notas, observações e listas de materiais. Desenhos executados no computador não seguem exatamente tais exigências, já que é possível desenhar em tela de forma livre e depois copiar as vistas para um "formato", sendo fácil seu deslocamento. Se ao final de um desenho feito com instrumentos se descobre que o mesmo deveria estar melhor centralizado, não se tem outro jeito, exceto refazendo-o.

5ª etapa Traçar com linhas finas (linhas de construção) as dimensões máximas de cada vista escolhida, já marcando as linhas de centro e os centros de arcos e circunferências. Observar a distância mínima entre vistas. Independentemente da escala utilizada, recomenda-se deixar 50 mm entre as mesmas.

6ª etapa Traçar com linhas finas os contornos, com as arestas que realmente existem, apagando os excessos.

7ª etapa Traçar com linhas finas as circunferências, arcos, concordâncias e as arestas existentes.

8ª etapa Apagar todos os excessos e quaisquer linhas de construção ainda existentes.

9ª etapa Reforçar o desenho usando as espessuras segundo a norma ABNT, inclusive traçando as hachuras, caso haja corte no desenho.

10ª etapa Traçar as cotas (veja o Capítulo 8), colocando as mínimas necessárias e de forma que o desenho fique claro e entendível. Uma má cotagem pode "estragar" um desenho correto.

11ª etapa Fazer uma verificação final, para se certificar de que está tudo certo.

O desenho a seguir dá uma ideia da sequência do traçado de um desenho técnico projetivo, a partir da 5ª etapa.

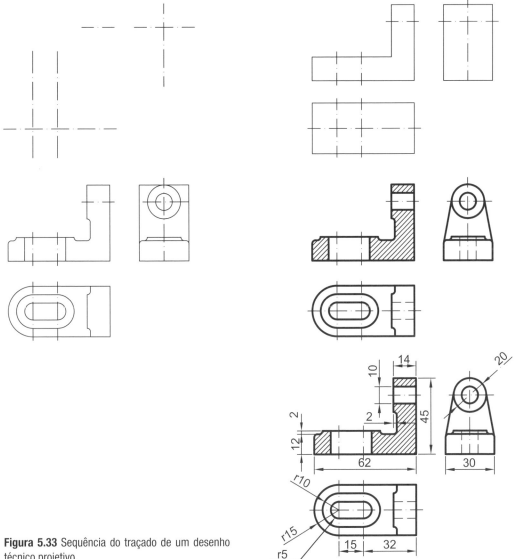

Figura 5.33 Sequência do traçado de um desenho técnico projetivo.

90 Capítulo 5

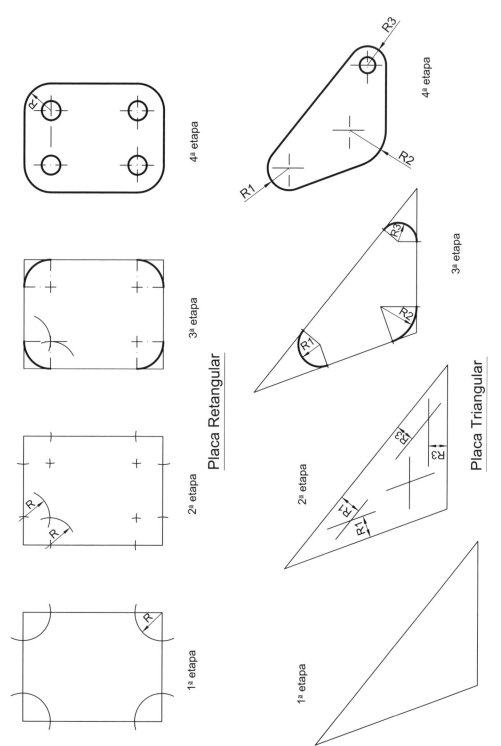

Figura 5.34 Exemplos de alguns tipos de concordâncias entre retas e curvas e entre curvas.

Origem e Detalhes das Vistas Ortográficas 91

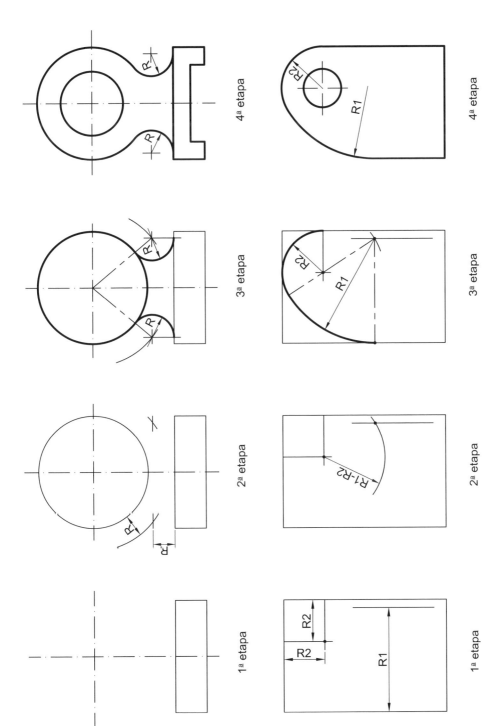

Figura 5.35 Exemplos de alguns tipos de concordâncias entre retas e curvas e entre curvas.

92 Capítulo 5

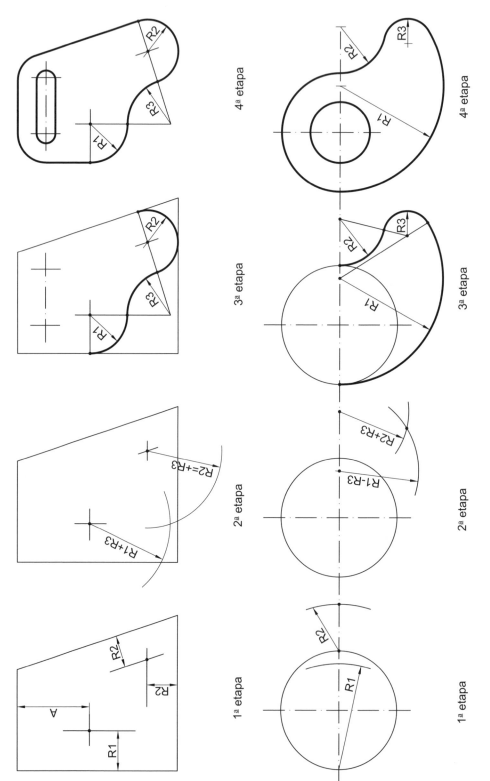

Figura 5.36 Exemplos de alguns tipos de concordâncias entre retas e curvas e entre curvas.

5.8 Desenho Técnico Projetivo Composto por uma Série de Elementos Geométricos

A grande função de um desenho técnico projetivo, especialmente de peças de máquinas e aparelhos, é permitir a fabricação. Neste sentido, as peças e máquinas, em geral, são idealizadas e projetadas de forma que sejam fabricadas da maneira mais simples e econômica possível. Quando um engenheiro ou *designer* idealiza e projeta uma peça ou elemento de uma máquina ou objeto (por exemplo, um eletrodoméstico), ele procura usar formas geométricas já conhecidas, evitando, por exemplo, o uso de curvas cônicas, como uma hipérbole, que apresentam mais dificuldades de serem fabricadas, logo mais custosas.

Em princípio, peças isoladas são compostas por vários elementos geométricos, o que permite seu fácil e rápido desenho, especialmente quando feito via computador. A figura a seguir mostra o exemplo de uma peça, na qual são mostrados os elementos geométricos "componentes".

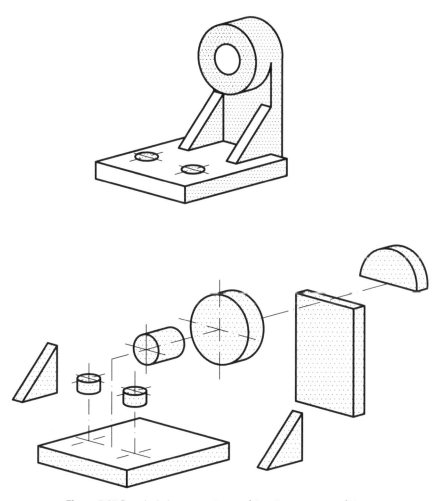

Figura 5.37 Peça isolada, composta por vários elementos geométricos.

CONSIDERAÇÕES DO CAPÍTULO

As vistas ortográficas, os principais desenhos técnicos projetivos, se originam do conceito de projeção cilíndrica ortogonal, imaginando-se o objeto ou peça colocado no interior de um hexaedro básico, a partir do qual podem ser feitas até seis vistas, já que o hexaedro possui seis faces ortogonais entre si. Existem duas formas de se ver e planificar as projeções deste hexaedro básico: tanto considerando-se o 1º diedro (veja a Seção 5.6), como se utiliza no Brasil, quanto considerando-se o 3º diedro (veja a Seção 5.7), como se utiliza nos Estados Unidos e no Canadá. Ressalte-se que a face a ser escolhida como a de frente deve ser aquela de maiores dimensões e/ou que mostre mais detalhes ou arestas em verdadeira grandeza. O número de vistas ortográficas a ser utilizadas depende da complexidade do objeto ou peça, na prática, normalmente duas ou três vistas são suficientes.

Exercícios

E.5.6 Dada a perspectiva isométrica, a seguir, faça as três vistas ortográficas principais. Desenhe tanto com instrumento quanto à mão livre. Meça as dimensões com um escalímetro e use a escala 1/1.

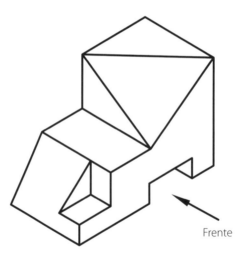

Frente

E.5.7 A partir das três vistas ortográficas principais mostradas, faça a perspectiva isométrica das peças a seguir. Faça à mão livre e de forma proporcional.

(a)

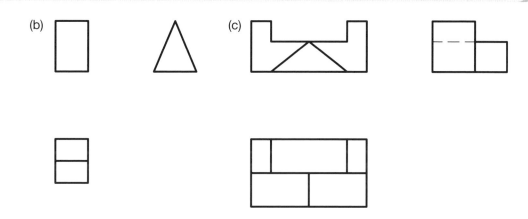

E.5.8 Dadas as duas vistas ortográficas principais e a perspectiva isométrica do objeto a seguir, faça a terceira vista (com instrumentos), que é a vista de frente ou projeção em π'.

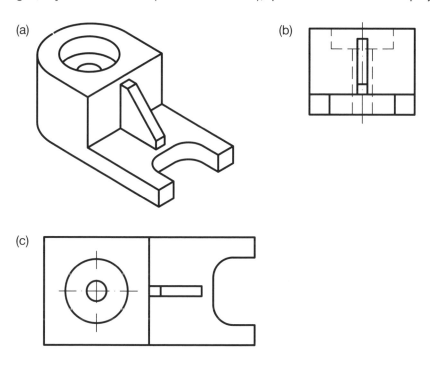

▶ Desafio

D.5.1 Em sua própria casa, avalie um eletrodoméstico qualquer, por exemplo um ferro elétrico, meça todas as suas dimensões e depois, considerando o 1º diedro, desenhe suas três vistas ortográficas principais: de frente, superior e lateral esquerda. Faça tanto usando instrumentos quanto à mão livre. Quantas peças existem em um ferro elétrico? Encontre um ferro "estragado", desmonte-o e veja quantas peças tem e quais seus materiais. Como cada peça foi fabricada? Consulte a *internet* sobre processos de fabricação mecânica.

Vistas Auxiliares, Parciais, Deslocadas, Interrompidas e Vistas com Características e Particularidades Especiais

6

Em muitos casos, encontramos objetos e peças com características especiais, onde a simples aplicação do conceito de vistas ortográficas, discutidas no Capítulo 5, não consegue produzir bons resultados, ou seja, o desenho mostra linhas que dificultam e até impedem sua compreensão e uso. Várias destas características e particularidades são detalhadas neste capítulo.

6.1 Vista Auxiliar

No Capítulo 5 foi visto que as vistas ortográficas são oriundas do conceito de projeções cilíndricas ortogonais, ou seja, a visão é perpendicular ao plano ou face que se quer projetar. E quando uma face de um objeto ou peça não é perpendicular, ou melhor, tem um ângulo diferente de 90°? É nesta condição que se utiliza o recurso da vista auxiliar.

Usa-se a vista auxiliar quando se quer mostrar detalhes e dimensões de uma face que forma um ângulo diferente de 90°. É importante citar que não é apenas o fato de se ter uma face inclinada que requer uma vista auxiliar. A mesma só deve ser feita caso existam detalhes que apareceriam "distorcidos" ou não em verdadeira grandeza. As figuras a seguir mostram estes detalhes.

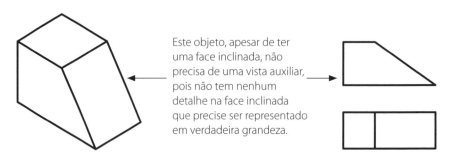

Figura 6.1 Objeto com uma vista auxiliar, mostrando detalhes e dimensões de uma face.

Se o mesmo objeto tiver um detalhe na face inclinada, por exemplo, um simples furo circular, ao representá-lo na vista superior o mesmo apareceria como uma elipse, ou seja, deformado e sem condições de um bom entendimento. Neste caso, faz-se necessária uma vista auxiliar, para mostrar o detalhe do furo circular em verdadeira grandeza. A Figura 6.2 mostra esta vista auxiliar.

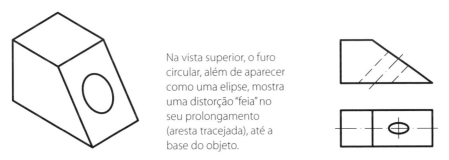

Figura 6.2 Vista superior de um objeto com a face inclinada, destacando-se o furo circular.

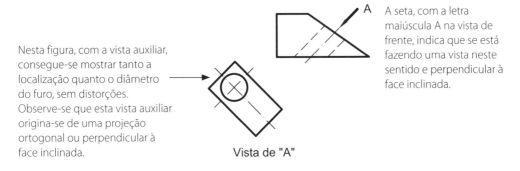

Figura 6.3 Conceito de vista auxiliar.

O ideal é que a vista auxiliar seja colocada no mesmo sentido da projeção e logo depois da vista original. Em casos especiais, em função de detalhes do objeto ou peça, isto fica difícil ou congestiona o desenho. Para ficar mais bem representado, pode-se representar a vista auxiliar em outra região do desenho, porém deixando claro seu nome; no caso aqui, foi escrito "Vista de A". Quando se coloca uma vista fora de sua posição correta, surge o termo "vista deslocada", exemplificada na Seção 6.3.

A peça a seguir, Figura 6.4, já mostrada na Seção 4.4 como exemplo de perspectiva dimétrica, exige que se faça uma vista auxiliar para mostrar os detalhes em verdadeira grandeza da parte inclinada. Na sequência, são mostradas as vistas ortográficas necessárias da peça, já com a vista auxiliar.

O desenho seguinte mostra as vistas ortográficas da peça da Figura 6.4, vendo-se o detalhe da vista auxiliar da parte inclinada. Observe-se que a vista de A foi colocada logo acima da parte inclinada, ou seja, no sentido oposto ao da vista. A norma permite isto, podendo-se considerar também como um exemplo de vista deslocada.

98 Capítulo 6

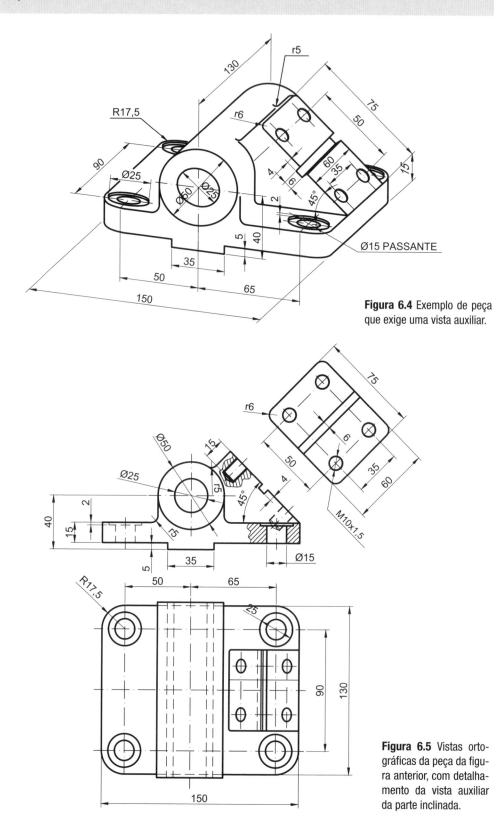

Figura 6.4 Exemplo de peça que exige uma vista auxiliar.

Figura 6.5 Vistas ortográficas da peça da figura anterior, com detalhamento da vista auxiliar da parte inclinada.

Vistas Auxiliares, Parciais, Deslocadas, Interrompidas e Vistas com Características... 99

Exemplos de peças que exigem a execução de vista auxiliar (Figuras 6.6 e 6.7). Observe-se que as medidas estão no sistema inglês, ou seja, em polegadas, em que uma polegada é igual a 25,4 mm (1" = 25,4 mm).

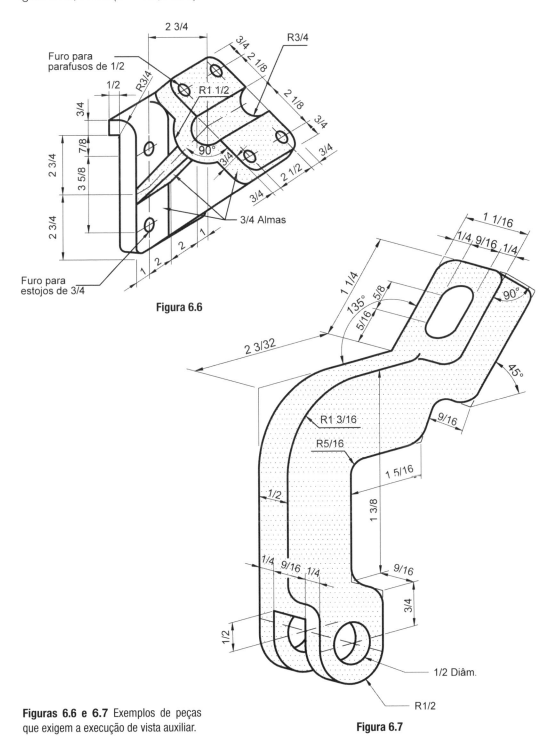

Figuras 6.6 e 6.7 Exemplos de peças que exigem a execução de vista auxiliar.

6.2 Vista Parcial

A vista parcial é muito utilizada em vistas auxiliares com certos detalhes. Faz-se como uma "fratura" no desenho da vista, para deixar visível apenas o que é relevante como informação.

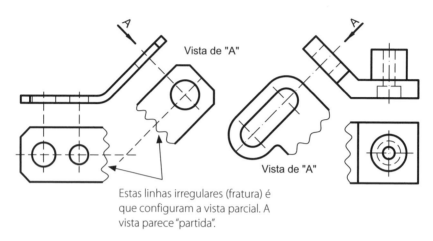

Figura 6.8 Exemplos de desenhos com uso de vista parcial.

6.3 Vistas Deslocadas

Algumas vezes fica melhor mostrar uma vista ortográfica, fora de sua posição convencional, surgindo então o conceito de "vista deslocada". Quando isto for necessário, tem de ficar bem claro de onde é a vista, a partir de qual direção se está olhando.

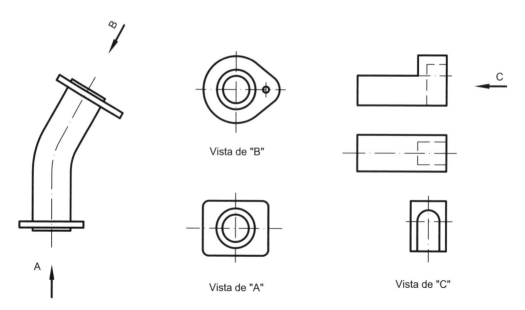

Figura 6.9 Exemplos de desenhos com vistas deslocadas.

6.4 Vista Interrompida

Às vezes tem-se que fazer uma vista de uma peça longa, com um pequeno detalhe no centro ou próximo, sendo o restante da peça de seção uniforme. Neste caso, usa-se o conceito de vista interrompida, como mostrada na Figura 6.10. A linha que interrompe o traçado da peça é conhecida como linha de ruptura. Como será visto na Seção 7.7, existem outros tipos de linhas de ruptura em função da geometria da peça.

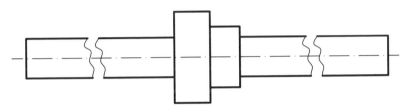

Figura 6.10 Conceito e exemplo de vista interrompida.

6.5 Rebatimento de Vista (ou Rotação de Detalhes Oblíquos)

Algumas peças apresentam faces em ângulos ou inclinadas que não necessitam de vista auxiliar, mas que ficam "deformadas" para representar, caso sigam exatamente os conceitos de projeção ortogonal. Nestes casos, usa-se o recurso da rotação ou rebatimento da vista. As figuras a seguir mostram exemplos de Rebatimento de vista.

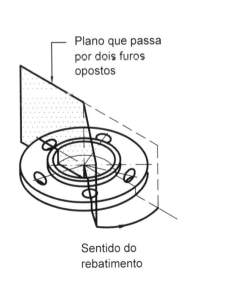
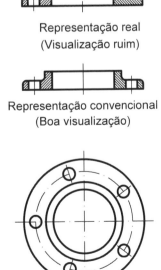

Figura 6.11 Exemplos de rebatimento de vista ortográfica.

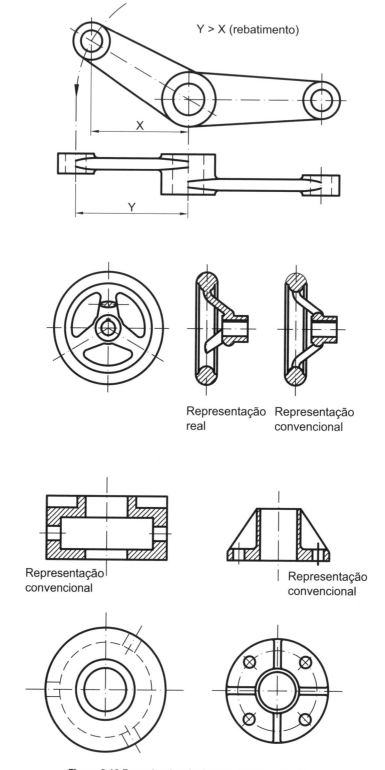

Figura 6.12 Exemplos de rebatimento de vista ortográfica.

6.6 Detalhes de Peças com Características Especiais e Representações Convencionais

Embora a representação gráfica, via desenhos técnicos projetivos, siga conceitos teóricos, normas técnicas e até algumas padronizações, ocorrem casos anômalos que são representados de uma forma especial, principalmente em partes componentes de máquinas. A seguir são mostrados vários exemplos que podem ocorrer na prática.

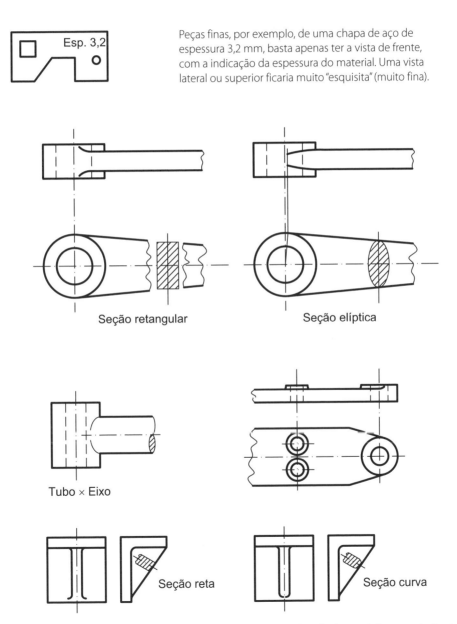

Figura 6.13 Casos anômalos que podem ocorrer em representação de desenhos técnicos projetivos, mostrados de forma especial.

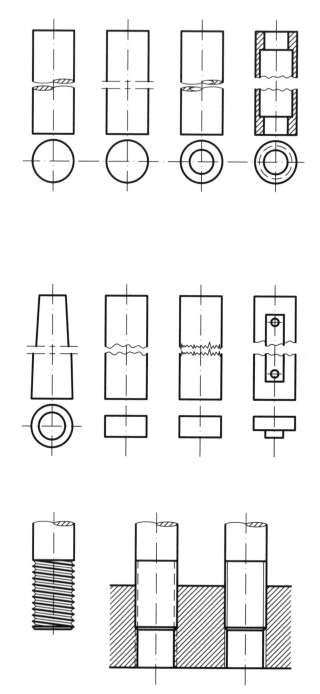

Figura 6.14 Casos anômalos que podem ocorrer em representação de desenhos técnicos projetivos, mostrados de forma especial.

Vistas Auxiliares, Parciais, Deslocadas, Interrompidas e Vistas com Características... 105

CONSIDERAÇÕES DO CAPÍTULO

Em muitos casos, as vistas ortográficas normais não conseguem representar o objeto ou peça de forma a que seja bem compreendida podendo, portanto, dificultar sua fabricação ou construção. Em tais situações, empregam-se os recursos mostrados neste capítulo, por meio das vistas auxiliares, parciais, deslocadas, interrompidas e vistas com características especiais.

Exercícios

E.6.1 Dada a peça a seguir, faça as vistas ortográficas necessárias, incluindo a vista auxiliar. Esta peça deve ter a vista de frente (segundo a seta mostrada), a vista lateral esquerda parcial e a vista auxiliar da parte inclinada. Para indicar as medidas, ou seja, cotar as vistas, consulte o Capítulo 8. As medidas estão em polegadas, em que uma polegada é igual a 25,4 mm.

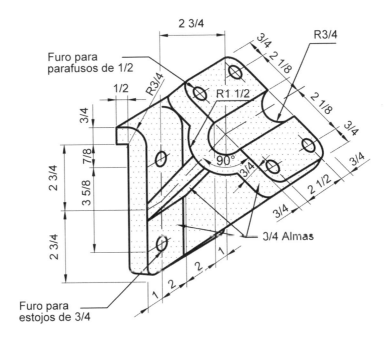

E.6.2 Dada a peça a seguir, faça as vistas ortográficas necessárias, incluindo a vista auxiliar. Esta peça deve ter a vista de frente (segundo a seta mostrada), a vista lateral esquerda parcial e a vista auxiliar da parte inclinada. Para indicar as medidas, ou seja, cotar as vistas, consulte o Capítulo 8. As medidas estão em polegadas, em que uma polegada é igual a 25,4 mm.

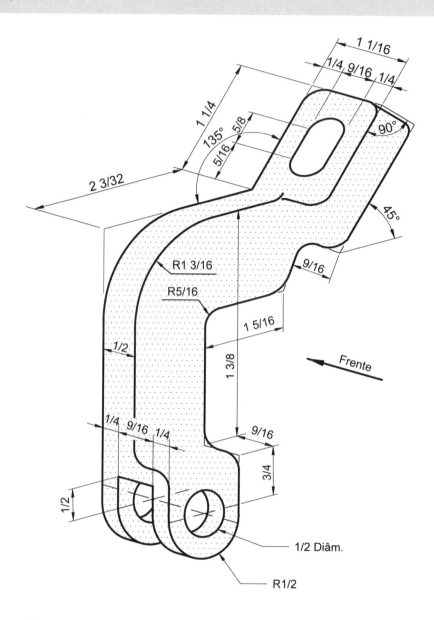

▶ Desafio

D.6.1 Pesquise na *internet* uma peça mais complexa e que tenha partes inclinadas que exijam vistas auxiliares.

Vistas Secionais. Cortes e Seções. Normas, Recomendações e Detalhes Especiais

7

Muitas vezes objetos e peças possuem detalhes internos que, representados nas vistas ortográficas, geram arestas não visíveis, indicadas por linhas tracejadas. Dependendo da quantidade de detalhes não visíveis, ou seja, com muitas linhas tracejadas, a compreensão do objeto ou peça fica mais difícil, gerando dúvidas e perda de tempo. Para diminuir estes problemas de interpretação, a teoria do desenho técnico projetivo fornece ferramentas que permitem ver detalhes do interior do objeto ou peça. Essas ferramentas são as vistas secionais, representadas na prática por cortes e seções, descritos neste capítulo, além de várias observações sobre as mesmas.

Em desenho técnico projetivo, cortar um objeto ou peça, literalmente, significa imaginar um corte físico, por exemplo, com uma serra, para se ter acesso e ver os detalhes internos. A Figura 7.1 (d) mostra este conceito de corte e, na sequência, são detalhados os diversos tipos de vistas secionais, que são classificadas como: corte total, meio corte, corte em desvio, corte parcial e seções.

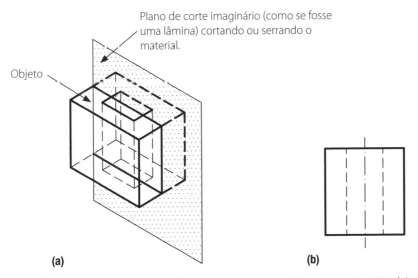

Figura 7.1 (a) Objeto normal (tridimensional). **(b)** Vista de frente normal (observam-se as arestas internas tracejadas). **(c)** Objeto cortado (tridimensional). **(d)** Vista de frente em corte (observam-se as hachuras internas).

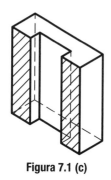
Figura 7.1 (c)

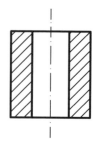
Figura 7.1 (d)

7.1 Cortes

Corte Pleno ou Total

É o tipo de corte onde a peça é cortada na sua totalidade. Este corte pode ser tanto no sentido longitudinal, ou seja, na maior dimensão, quanto no transversal, ou seja, na menor dimensão. Também é normal a mesma peça ou objeto mostrar os dois cortes, cada um em um sentido, longitudinal e transversal. As Figuras 7.1 (e) e 7.1 (f) são exemplos de corte total. A Figura 7.1 (g) mostra a mesma peça com dois cortes, ou corte duplo.

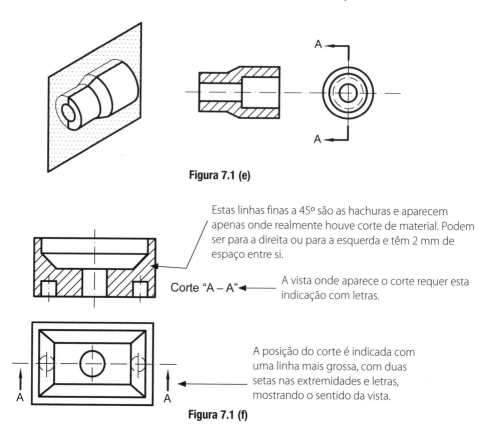

Figura 7.1 (e)

Estas linhas finas a 45° são as hachuras e aparecem apenas onde realmente houve corte de material. Podem ser para a direita ou para a esquerda e têm 2 mm de espaço entre si.

Corte "A – A"

A vista onde aparece o corte requer esta indicação com letras.

A posição do corte é indicada com uma linha mais grossa, com duas setas nas extremidades e letras, mostrando o sentido da vista.

Figura 7.1 (f)

Figura 7.1 (e) e (f) Peça em corte total.

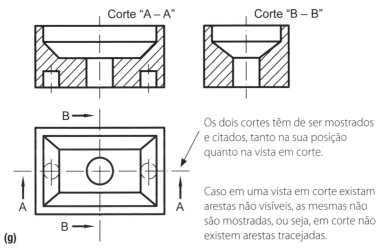

Figura 7.1 (g) Peça em corte total duplo (em duas vistas).

Meio Corte

Quando uma peça tem simetria a um ou dois eixos, em vez de fazer o corte total, pode-se optar pelo meio corte. A peça da Figura 7.1 (f), por ser simétrica, é mostrada em meio corte na Figura 7.1 (i).

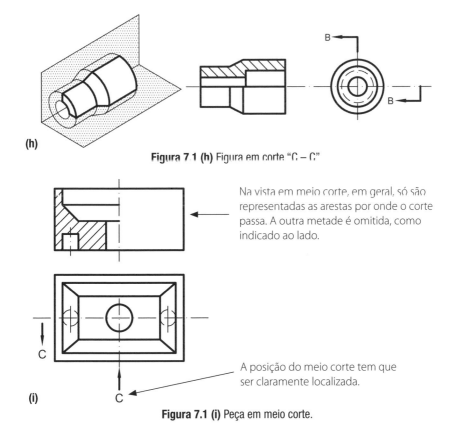

Figura 7.1 (h) Figura em corte "C – C"

Figura 7.1 (i) Peça em meio corte.

A Figura 7.2 mostra uma peça mais complexa, um suporte especial, com a perspectiva cavaleira em meio corte.

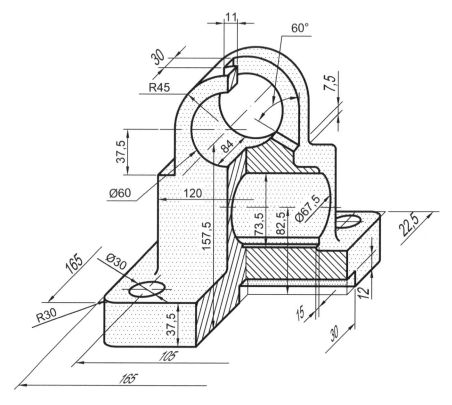

Figura 7.2 Suporte especial com a perspectiva cavaleira em meio corte.

Corte em Desvio

É aplicado quando a peça ou objeto possui detalhes desalinhados, ou seja, que não estejam sobre uma mesma linha de corte. A Figura 7.3 ilustra um exemplo.

Corte Parcial

Este tipo de corte é aplicado quando se quer mostrar detalhes internos de apenas uma parte de uma peça. As Figuras 7.4 e 7.5 mostram exemplos de cortes parciais.

7.2 Seções

São cortes especiais que têm por finalidade mostrar apenas determinada região ou área de uma peça. Seções são muito utilizadas em eixos (em rasgos de chavetas), perfis metálicos (cantoneiras), volantes e árvores mecânicas. A Figura 7.6 mostra exemplos de seção, em desenho técnico projetivo.

Vistas Secionais. Cortes e Seções. Normas, Recomendações e Detalhes Especiais

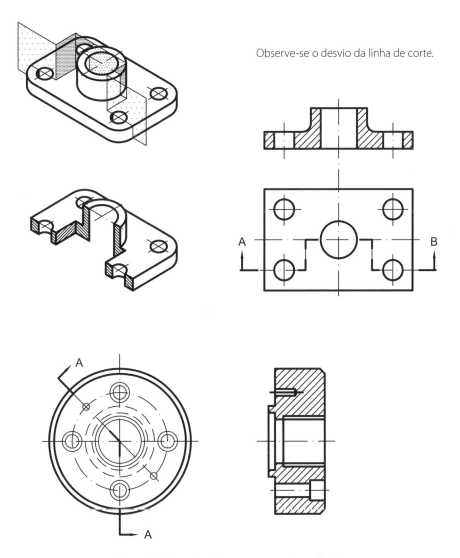

Observe-se o desvio da linha de corte.

Figura 7.3 Exemplos de peças com corte em desvio.

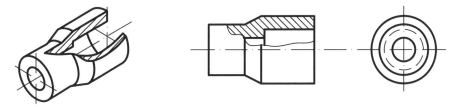

Figura 7.4 Exemplos de peças com cortes parciais.

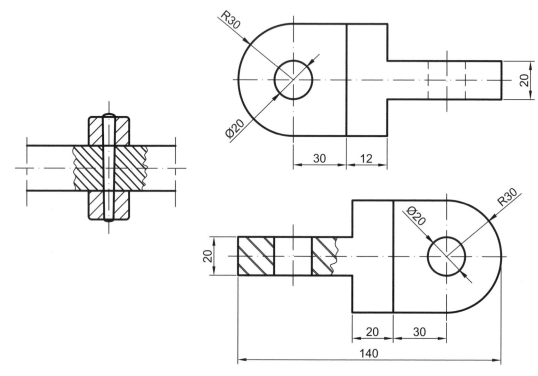

Figura 7.5 Exemplos de peças com cortes parciais.

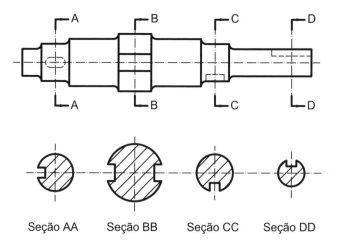

Figura 7.6 Exemplo de seções em um eixo.

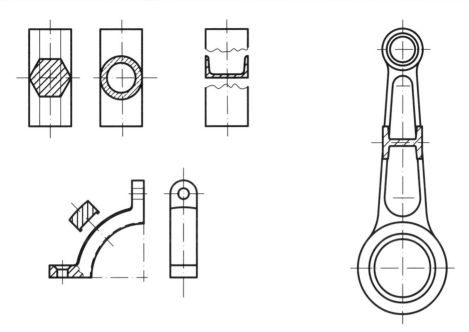

Figura 7.7 Exemplos de outros tipos de seções.

7.3 Representação Gráfica das Hachuras

Quando se desenha um corte ou seção, na região cheia com material, são desenhadas as linhas finas a 45°, chamadas hachuras. Em teoria, cada material tem um tipo de linha ou representação. As linhas finas inclinadas a 45° que vêm sendo mostradas até aqui em verdade é a hachura geral, que pode ser usada em qualquer tipo de material. A Figura 7.8 mostra os principais tipos de hachuras usados nos desenhos técnicos.

Normalmente, em desenhos mecânicos, usa-se apenas a hachura geral, independentemente do tipo de material, já que na lista de material é feita a especificação completa do mesmo. Em desenhos de Arquitetura e Civil, em cortes, costuma-se mostrar os diferentes materiais, através das hachuras, embora também a lista de material os especifique completamente.

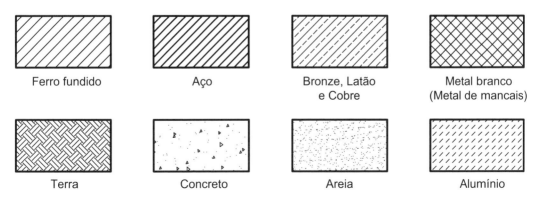

Figura 7.8 Tipos de hachuras, mais comuns, usadas em desenhos técnicos em cortes.

7.4 Observações Gerais sobre Cortes

Apesar de se ter detalhado os diversos tipos de cortes e seção, na prática ocorrem algumas situações que obrigam a fazer uso de determinadas soluções específicas. A seguir, são mostradas as principais que podem ocorrer, principalmente em desenhos mecânicos.

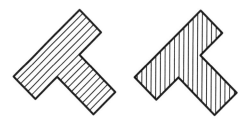

Caso a vista em corte esteja a 45° (ou outro ângulo), usa-se a hachura em outro ângulo, isto para não haver coincidência e uma má visualização.

No caso mostrado, optou-se por um ângulo de hachuras de 90°.

Figura 7.9

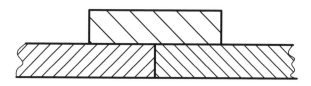

Quando existe uma situação, como acima, onde se tem de hachurar três partes juntas e sobrepostas, é assim que se deve fazer, ou seja, duas partes a 45°, e invertidas, e a terceira com espaçamento maior entre hachuras.

Figura 7.10

Quando a área a ser hachurada é muito delgada, em vez de linhas finas usa-se pintar de preto. Isto costuma ocorrer em cortes de estruturas metálicas.

Figura 7.11

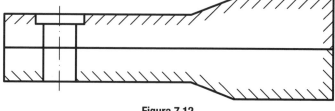

Figura 7.12

Figuras 7.9 a 7.12 Soluções específicas de seções de corte adotadas em desenhos mecânicos para situações especiais.

Quando a área a ser hachurada for muito grande, pode-se simplificar hachurando apenas o contorno interno da peça.

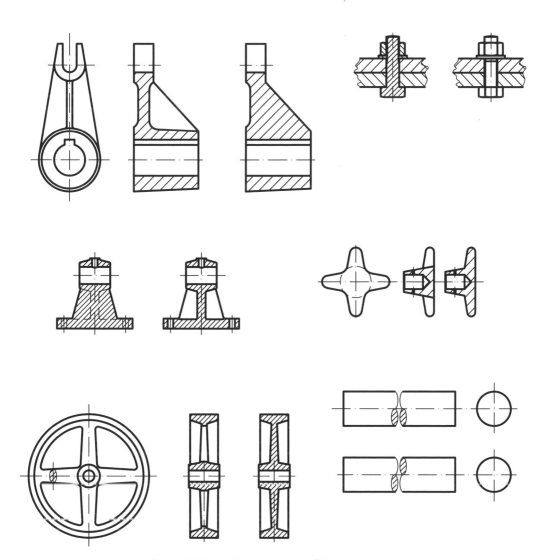

Figura 7.13 Exemplos de casos específicos de hachuras.

CONSIDERAÇÕES DO CAPÍTULO

Neste capítulo foi visto que, algumas vezes, ocorrem peças com detalhes internos que, se desenhados normalmente, geram muitas linhas não visíveis, ou seja, tracejadas, o que dificulta tanto o entendimento quanto a cotagem. Para solucionar este problema, foram detalhadas como devem ser feitas vistas secionais, como cortes e seções, além de ser mostrada uma série de detalhes especiais que podem ocorrer quando se corta uma peça.

Exercício

E.7.1 Fazer as vistas ortográficas da peça a seguir (mostrada em meio corte), representando a vista de frente em corte total, como mostrado na perspectiva. Para cotagem, consulte o Capítulo 8. (Observação: as medidas abaixo estão em milímetros.)

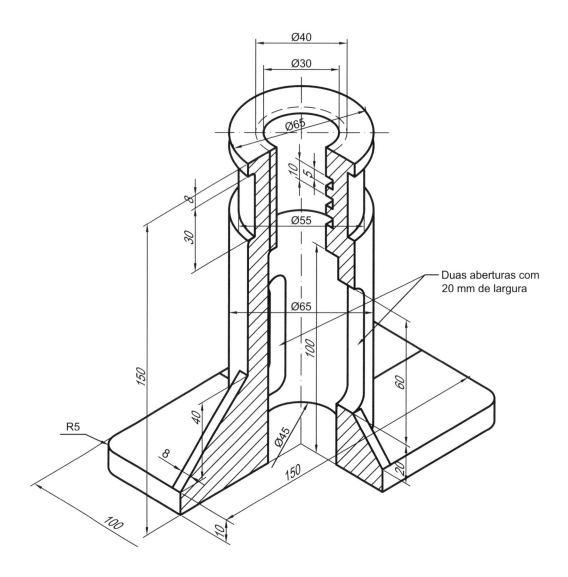

▶ Desafio

D.7.1 Acesse a *internet* e visualize exemplos de peças, com vistas ortográficas em corte. Sugere-se acessar um site de buscas escrevendo: "Vistas secionais desenho técnico."

Cotagem dos Desenhos Técnicos Projetivos

Cotagem é a indicação das medidas ou dimensões da peça ou objeto em um desenho técnico projetivo, para permitir sua fabricação ou construção. A cotagem deve ser feita conforme a norma ABNT NBR 10126. O desenho, além de representar por meio de vistas ou projeções dentro de uma escala (ou proporcional) a forma tridimensional, deve conter informações sobre as dimensões do objeto representado. As dimensões irão definir as características geométricas do objeto, dando valores de tamanho e posição a todos os elementos e detalhes que compõem sua forma espacial, permitindo assim sua fabricação ou construção.

8.1 Conceitos Básicos e Observações Gerais

A forma mais utilizada consiste em definir as dimensões por meio de cotas que são constituídas de linhas de chamada, linha de cota, setas ou tracinhos (ou até pontos) e do valor numérico em determinada unidade de medida (Figura 8.1). Portanto, para a cotagem de uma dimensão são necessários quatro elementos: a linha de chamada, a linha de cota, a seta ou tracinho (ou ponto) e o valor numérico da dimensão.

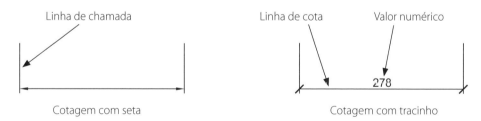

Figura 8.1 Elementos para a cotagem de uma dimensão.

As linhas de cotas e de chamadas são finas (portanto, espessura 0,5 para desenho a grafite). A seta é desenhada com linhas curtas, formando ângulos de 15°. A seta pode ser aberta ou fechada preenchida (Figura 8.2). O tracinho oblíquo é desenhado com uma linha curta a 45°.

Figura 8.2 Setas aberta e fechada.

Como será visto adiante, existem muitos detalhes sobre a cotagem, mas os seguintes devem logo ser mostrados em cotagens horizontais e verticais (Figura 8.3).

Figura 8.3 Detalhes na composição de cotagens horizontais e verticais.

De forma geral, as cotas podem assumir as seguintes posições: vertical, horizontal, inclinada para a direita e inclinada para a esquerda. A inserção do valor numérico, além de estar no meio do vão da medida, além de não tocar na linha de cota, deve obedecer às posições mostradas a seguir, considerando sempre que o número fica acima da linha de cota. Essas posições são mostradas no chamado "Leque de Cotas" (Figura 8.4).

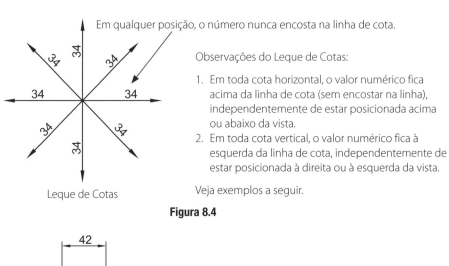

Figura 8.4

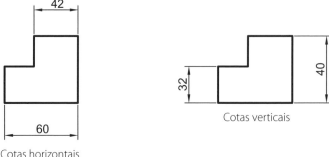

Figura 8.5

Figuras 8.4 e 8.5 Leque de cotas e detalhes para inserções de números em cotas horizontais e verticais.

Cotas inclinadas, à direita ou à esquerda, são representadas da seguinte forma:

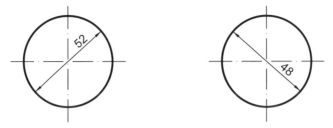

Figura 8.6 Representação de cotas inclinadas.

A distância entre uma linha de cota e o contorno do desenho deve ser entre 7 e 10 mm, recomendando-se o valor de 10 mm por conferir maior clareza ao desenho. A mesma distância é seguida entre cotas paralelas. A Figura 8.7 mostra esses espaçamentos e outros detalhes da cotagem.

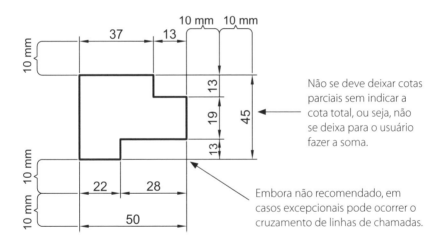

Figura 8.7 Espaçamento entre linhas de cotas e observações gerais.

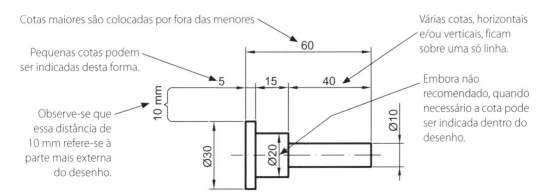

Figura 8.8 Linhas de cota horizontais e verticais, sobre uma só linha ou dentro do desenho.

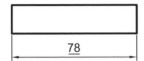
Quando por algum motivo o valor da cota não estiver na escala indicada, a mesma tem que ser sublinhada.

Figura 8.9 Linhas de cota com o espaço para se indicar o valor da medida sublinhado.

8.2 Diâmetros de Círculos e Furos

Antes de mostrar as diversas formas e posições na cotagem de diâmetros e arcos, é importante citar que a posição do centro dessas figuras é uma cota importantíssima, ou seja, é essencial cotar a posição do centro. Círculos e arcos podem assumir diversas posições, com cotagens específicas, como mostrado adiante.

Diâmetros maiores podem ser cotados assim. Quando se vê a linha da circunferência, não se indica o símbolo de diâmetro ou Ø. Só se mostra o símbolo Ø quando o diâmetro está em uma vista que aparece como linhas paralelas.

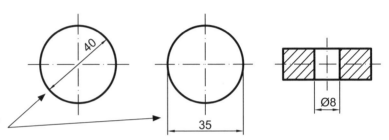

Figura 8.10 Cotagem da posição de Centro de diâmetros maiores.

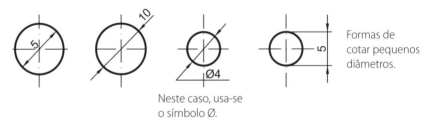

Formas de cotar pequenos diâmetros.

Neste caso, usa-se o símbolo Ø.

Figura 8.11

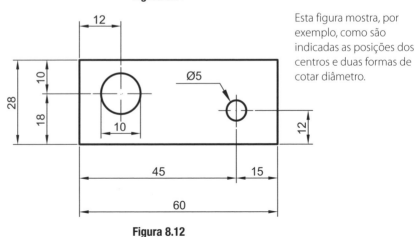

Esta figura mostra, por exemplo, como são indicadas as posições dos centros e duas formas de cotar diâmetro.

Figura 8.12

Figuras 8.11 e 8.12 Passo a passo para a cotagem de pequenos diâmetros.

Cotagem dos Desenhos Técnicos Projetivos

Sempre, ao desenhar circunferências, devem ser traçados os dois eixos, horizontal e vertical, linha fina (0,5). A linha de centro, na prática, é traçada com um traço maior, um pequeno espaço, um tracinho (no lugar de ponto), outro espaço e novo traço maior. O centro é determinado por dois tracinhos e a linha termina próximo da borda da circunferência, com o traço maior.

Forma de cotar dois diâmetros concêntricos

Figura 8.13

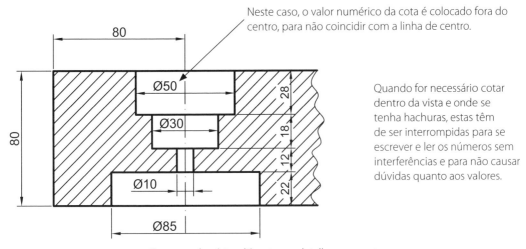

Neste caso, o valor numérico da cota é colocado fora do centro, para não coincidir com a linha de centro.

Quando for necessário cotar dentro da vista e onde se tenha hachuras, estas têm de ser interrompidas para se escrever e ler os números sem interferências e para não causar dúvidas quanto aos valores.

Cotagem de vários diâmetros e detalhes em corte.

Figura 8.14

CÍRCULO	X	Y	Ø
1	13	90	30
2	78	80	12
3	50	53	33
4	80	20	10
5	10	15	9,5

Em casos como este, pode-se usar a cotagem por coordenadas cartesianas (X, Y), definindo claramente a origem e, obviamente, a localização e o diâmetro de cada círculo.

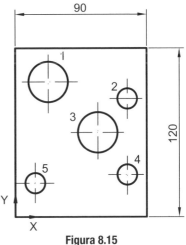

Figura 8.15

Figuras 8.13 a 8.15 Passo a passo para a cotagem de pequenos diâmetros.

Existem alguns símbolos que são padronizados, mas existem outros que foram incorporados à prática do Desenho Técnico, na medida do necessário. Vejamos alguns e suas aplicações.

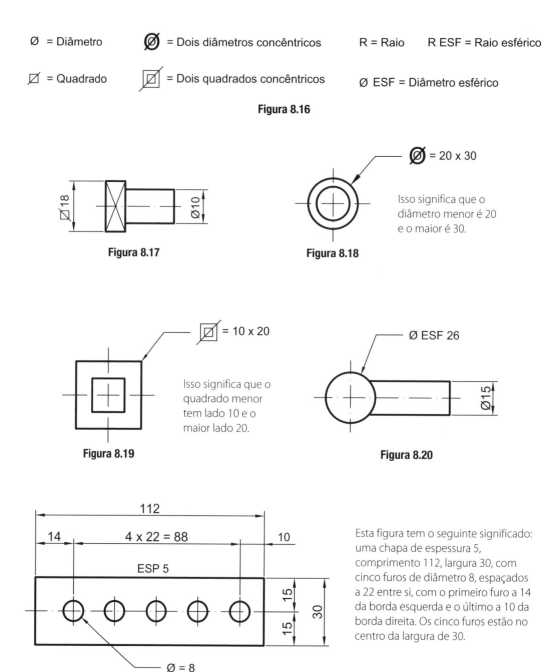

Figuras 8.16 a 8.21 Exemplos de símbolos incorporados ao Desenho Técnico e suas aplicações.

8.3 Raios de Arcos, Cordas e Retificações

Quando se tem um círculo, cota-se o diâmetro; se for um arco, cota-se o raio. Não faz nenhum sentido cotar o raio de um círculo, já que na prática, por exemplo, para fazer um furo será usada uma broca ou uma ferramenta com determinado diâmetro, e não com determinado raio. A cotagem do raio de um arco parte de seu centro, que tem de ser claramente definido.

Assim como no caso de diâmetro, existem diversos casos de cotagem de raio, cordas e até retificações de arcos.

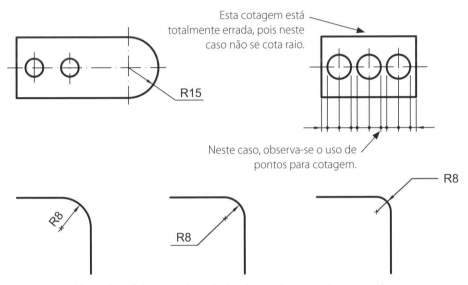

Figura 8.22 Cotagem equivocada de raio e pontos para cotagem correta.

A forma de indicar a cota do raio depende do seu valor e do espaço no desenho.

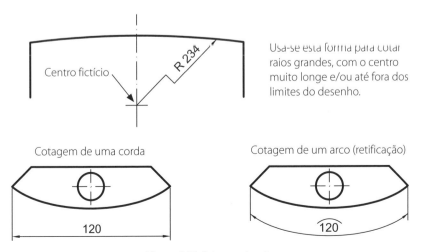

Figura 8.23 Cotagem de raio.

8.4 Cotagem de Ângulos

Cotagem de um grande ângulo

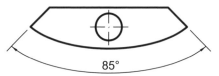

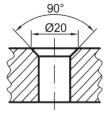
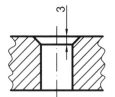
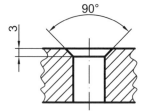

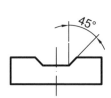
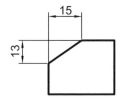

Um ângulo também pode ser cotado, via dimensões das arestas.

Figura 8.24 Cotagem de ângulos.

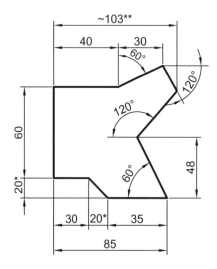
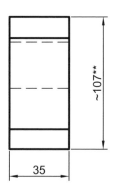

Figura 8.25 Cotagem de ângulos diversos.

---

*Este ângulo de 45° foi cotado indicando-se os valores dos dois lados.
**Estes valores de 103 e 107 não são exatos (são aproximados).

Especialmente quando se tem peças com muitos e seguidos ângulos, a cotagem de vistas ortográficas tem de ser bem analisada, para descobrir quais são as dimensões e ângulos realmente necessários, pois tanto o excesso quanto a falta de cotas impedem uma boa interpretação e uso do desenho. Esta análise chama-se "projeto da cotagem" e pode ser até mais trabalhosa do que o desenho em si. A peça anterior é um exemplo, já que foram realizados vários cálculos, principalmente trigonométricos, até se chegar ao número mínimo e ideal de cotas. As cotas marcadas com ** são aproximadas e indicadas apenas para se ter uma boa ideia das dimensões máximas da peça. Nestas vistas estão todas as cotas necessárias para que a peça seja fabricada.

Chanfros podem ser indicados assim.

Figura 8.26 Indicação de chanfros de 45°.

8.5 Detalhes Especiais

Além das já citadas, existem muitas outras formas de se cotar um desenho, sendo impossível mostrar todas. A seguir, são mostrados vários detalhes que podem aparecer em desenhos técnicos, especialmente da área de mecânica.

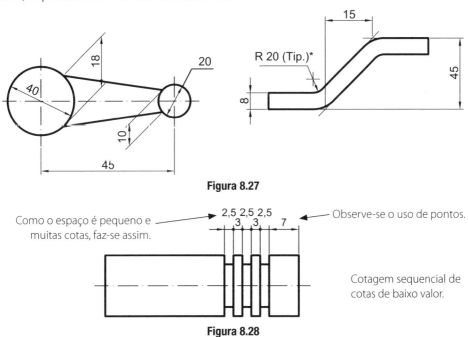

Figura 8.27

Figura 8.28

Figuras 8.27 e 8.28 Detalhes que aparecem em desenhos técnicos, especialmente da área mecânica.

*A cota R 20 (Típ.) significa que o raio 20 é igual ou típico na parte de cima.

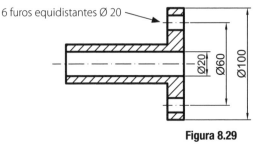

Figura 8.29

Figura 8.30

Figuras 8.29 e 8.30 Detalhes que podem aparecer em figuras em desenhos técnicos, especialmente da área mecânica.

8.6 Cotagem de Perspectivas Isométricas

Como foi visto no Capítulo 4, perspectiva é uma representação tridimensional do objeto (largura, altura e profundidade), muito útil para se ter uma visão espacial do mesmo. Existem diversos tipos de perspectivas, mas a isométrica é a mais utilizada na prática, embora, por exemplo, arquitetos usem muito a perspectiva cônica. A figura a seguir mostra como podem ser cotadas as perspectivas isométricas, lembrando que nas mesmas não se aplica exatamente o "Leque de Cotas" (Seção 8.1), como nas vistas ortográficas.

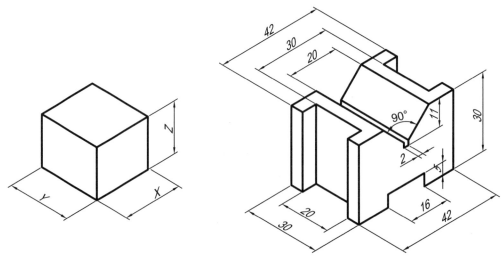

Figura 8.31 Cotagem de perspectivas isométricas.

8.7 Exemplos de Cotagem, Tanto em Perspectivas Quanto em Vistas Ortográficas

A seguir são mostrados exemplos de peças cotadas, tanto em perspectivas (cavaleira e isométrica) quanto em vistas ortográficas.

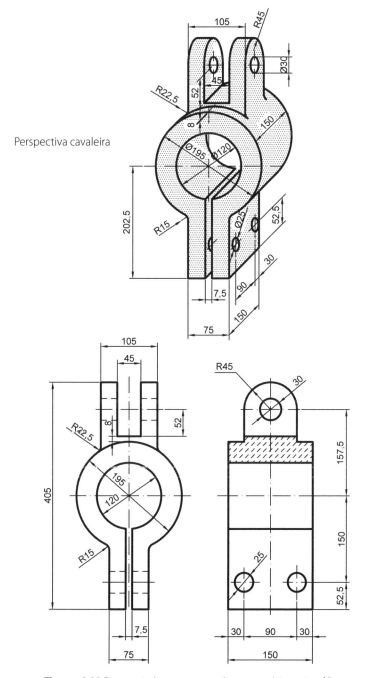

Figuras 8.32 Peças cotadas em perspectivas e em vistas ortográficas.

128 Capítulo 8

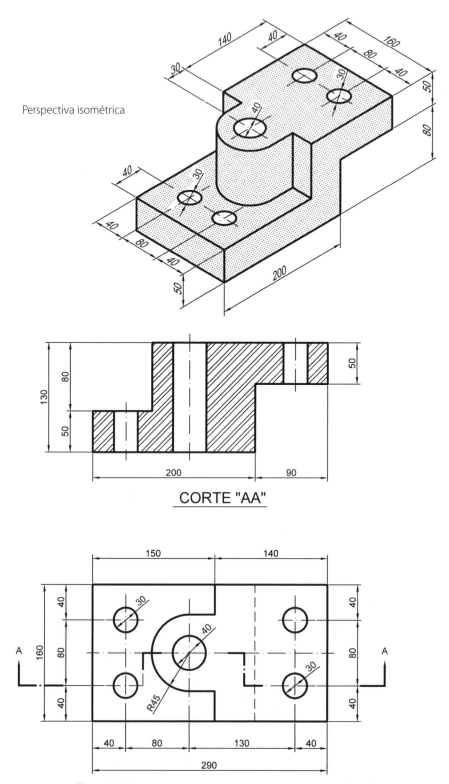

Figura 8.33 Peças cotadas em perspectivas e em vistas ortográficas.

Cotagem dos Desenhos Técnicos Projetivos 129

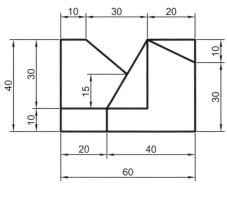
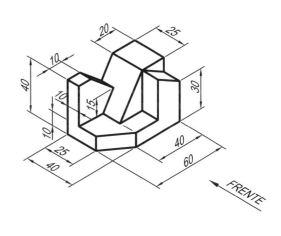
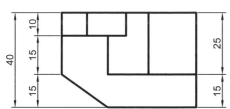

Figura 8.34

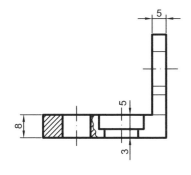
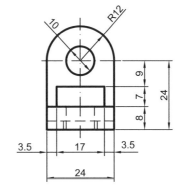
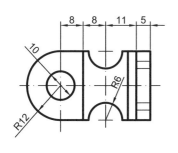
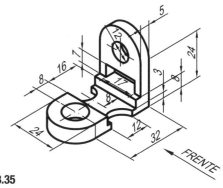

Figura 8.35

Figuras 8.34 e 8.35 Peças cotadas em perspectivas e em vistas ortográficas.

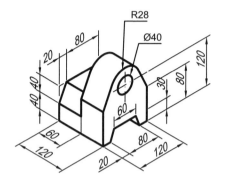

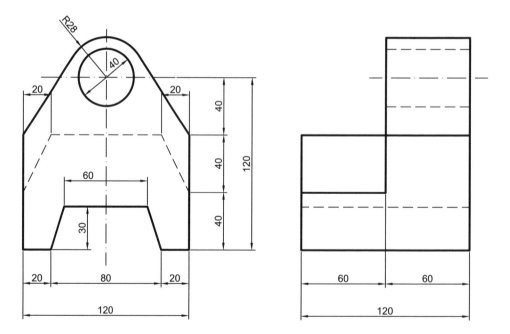

Figura 8.36 Peças cotadas em perspectivas e em vistas ortográficas.

Cotagem dos Desenhos Técnicos Projetivos **131**

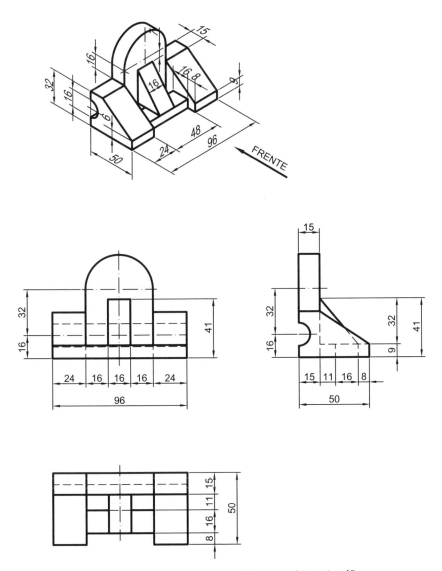

Figura 8.37 Peças cotadas em perspectivas e em vistas ortográficas.

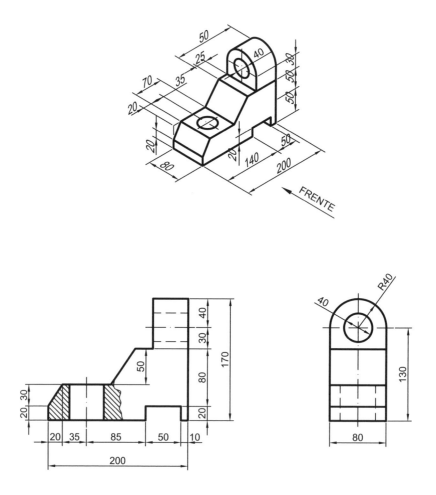

Figura 8.38 Peças cotadas em perspectivas e em vistas ortográficas.

CONSIDERAÇÕES DO CAPÍTULO

Na prática, como desenhos técnicos projetivos são elaborados para fabricação ou construção, torna-se imprescindível que sejam indicadas todas as dimensões necessárias para um perfeito entendimento. Neste capítulo foram consideradas as principais regras, normas e procedimentos para a cotagem dos desenhos técnicos projetivos, tanto em vistas ortográficas quanto em perspectivas.

Cotagem dos Desenhos Técnicos Projetivos **133**

Exercício

E.8.1 Dadas as perspectivas das 15 peças a seguir, fazer as vistas ortográficas necessárias e cotadas, definindo qual será a vista de frente e qual escala é a mais apropriada. Observe quais peças exigem, por exemplo, vistas auxiliares e cortes.

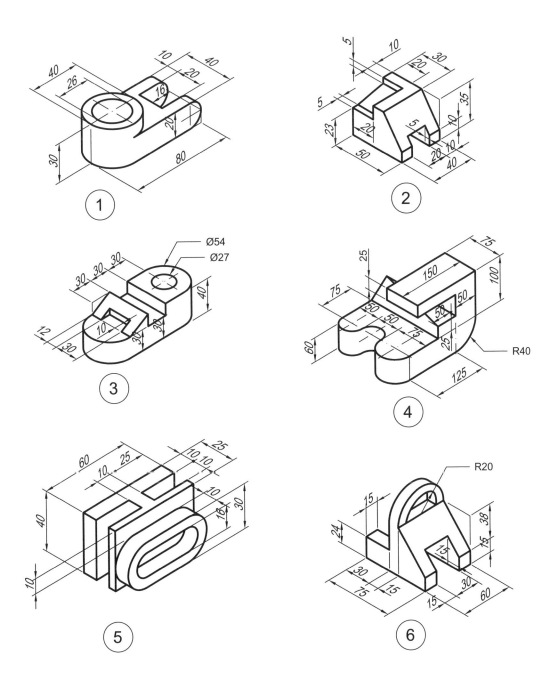

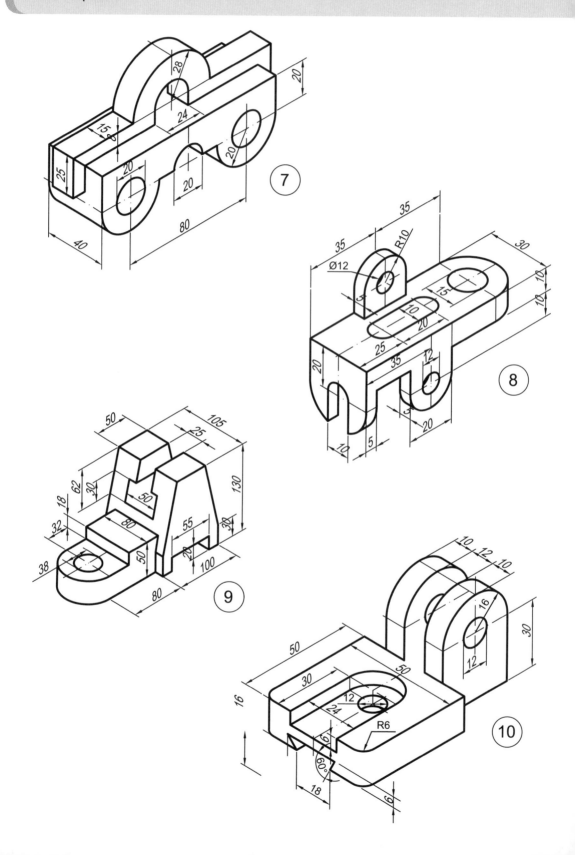

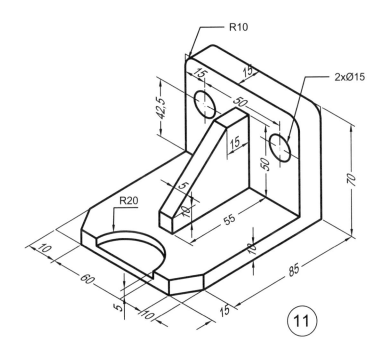

(11)

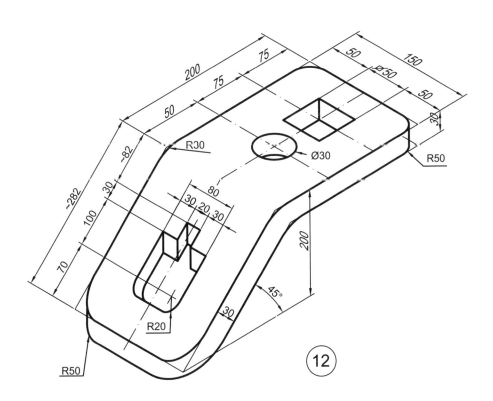

(12)

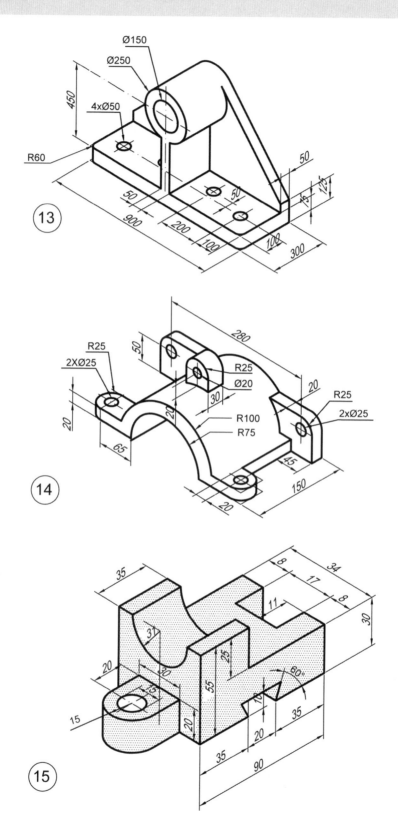

▶ Desafio

D.8.1 Acesse a *internet*, descubra peças representadas em perspectivas, escolha uma e faça as vistas ortográficas necessárias, cotando as medidas. Sugestão: acesse um *site* de busca e escreva "perspectiva isométrica".

Introdução ao Desenho Técnico Projetivo Aplicado

9

Entre os Capítulos 1 e 8, foram vistos todos os conceitos, normas, regras e procedimentos, para a execução de desenhos técnicos projetivos. Neste capítulo são mostrados alguns exemplos de desenhos técnicos aplicados a determinadas áreas, como, por exemplo, de Arquitetura, Construção Civil, Mecânica e Eletrotécnica.

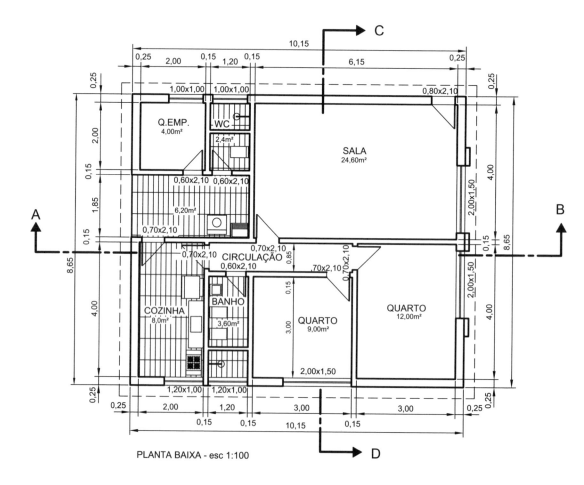

Figura 9.1 Exemplo da planta baixa do 1º pavimento de uma casa (Construção Civil).

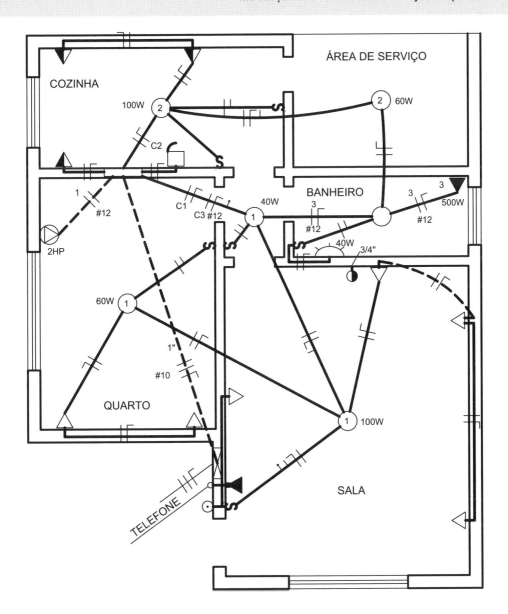

QUADRO DE CARGAS (LUZ)						
CIRC.	LÂMPADAS		TOMADAS			TOTAL EM WATTS
	40	60	100	100	400	1500	
1	1	1	1	6	-	-	800W
2	1	2	1	2	1	-	860W
3	-	-	-	-	-	1	1500W
TOTAL							3160W

QUADRO DE FORÇA		
CIRC.	TOMADA 2HP	CARGA TOTAL EM HP
1	1	2
TOTAL		2HP

EXEMPLO DE UMA PLANTA DE INSTALAÇÃO ELÉTRICA DE UMA CASA POPULAR

Figura 9.2 Instalação elétrica de uma residência.

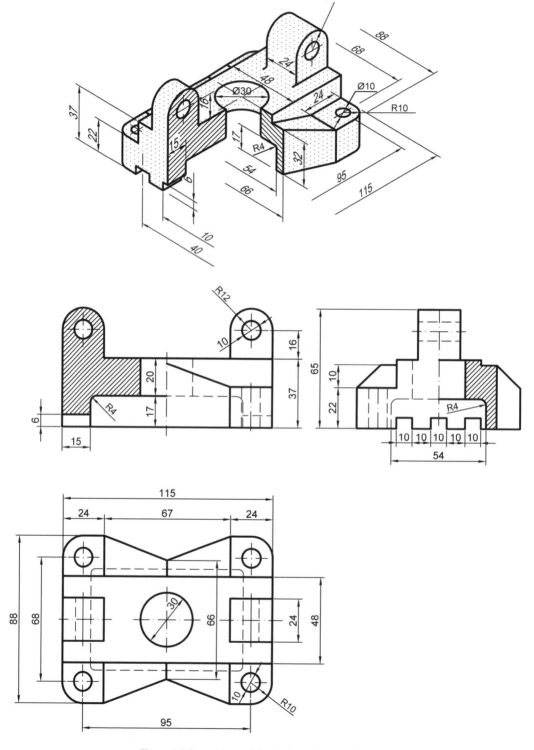

Figura 9.3 Desenho mecânico da base de uma máquina.

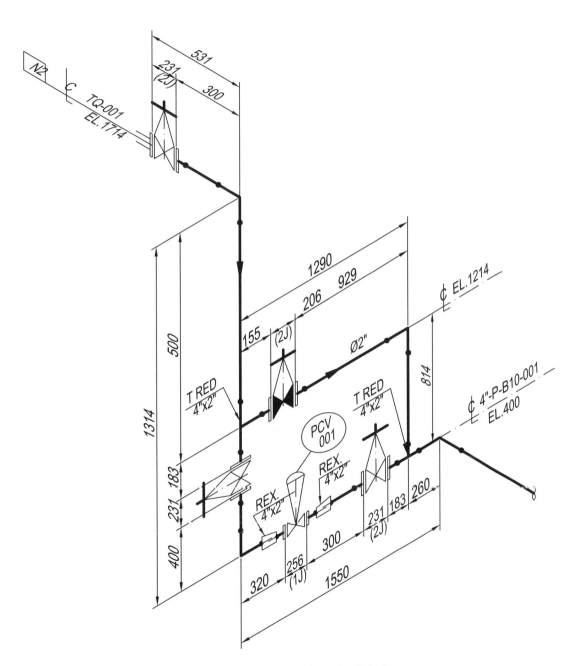

Figura 9.4 Desenho de isométrico de tubulação.

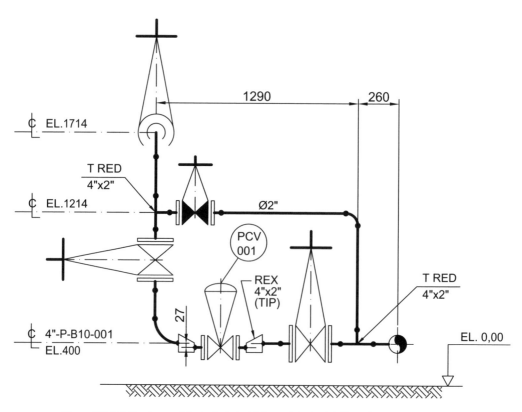

Figura 9.5 Detalhe de uma tubulação industrial em vista frontal (Engenharia de tubulações).

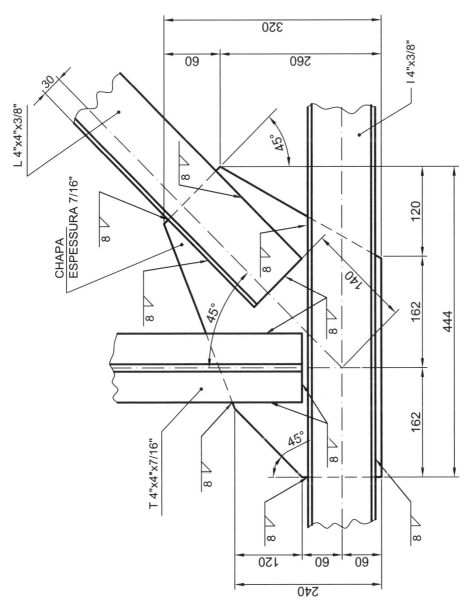

Figura 9.6 Desenho de um nó de uma estrutura metálica (Engenharia Mecânica).

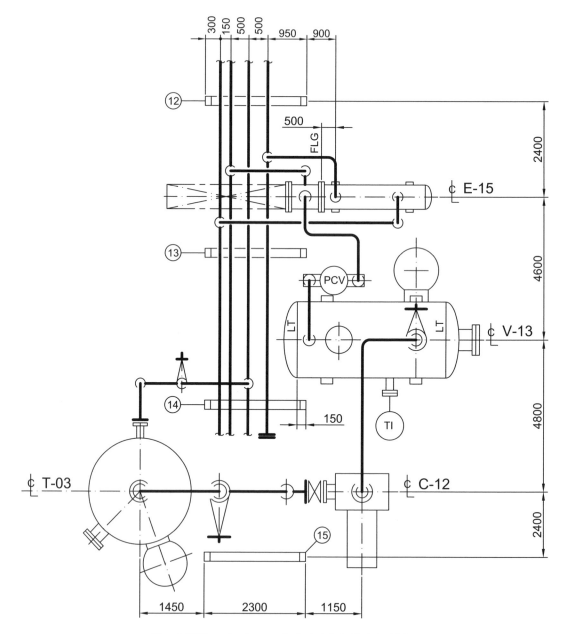

Figura 9.7 Desenho de uma planta de tubulação industrial.

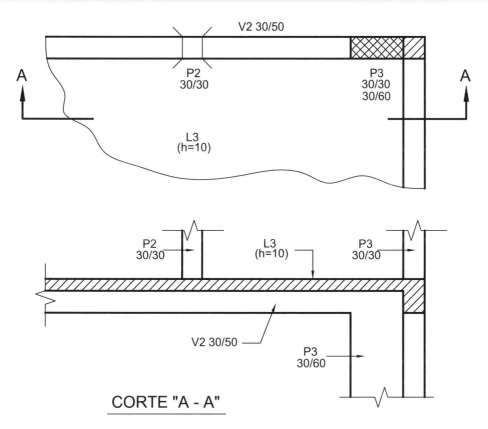

Figura 9.8 Desenho em planta e corte de continuidade de pilares (Construção Civil).

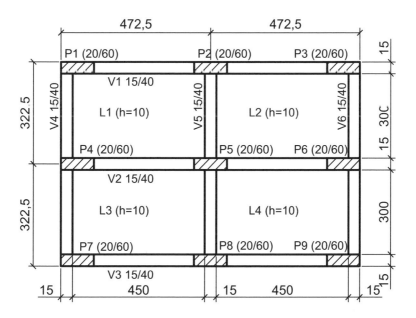

Figura 9.9 Desenho das formas de um pavimento (Construção Civil).

146 Capítulo 9

CONSIDERAÇÕES DO CAPÍTULO

Este livro apresenta os conceitos, regras, procedimentos e normas para a execução de desenhos técnicos projetivos, ou seja, é uma introdução ou um livro básico. O objetivo deste último capítulo é mostrar algumas aplicações, bem específicas, de todos os conceitos aqui apresentados e usados nas mais diversas áreas tecnológicas.

Exercício

E.9.1 Acesse a *internet* e pesquise sobre exemplos de desenhos técnicos projetivos específicos, para as mais diversas áreas.

▶ Desafio

D.9.1 Pesquise na *internet* sobre programas de computador usados para a execução de desenhos técnicos projetivos. Como já mencionado no Capítulo 1, existem alguns programas (mais simples) que são gratuitos e passíveis de serem salvos e utilizados, sem nenhum pagamento.

Referências

BARETA, Deives Roberto; WEBBER, Jaine. *Fundamentos de Desenho Técnico Mecânico*. Caxias do Sul: Educs, 2010.

CARRANZA, Edite Galote; CARRANZA, Ricardo. *Detalhes Construtivos de Arquitetura*. São Paulo: Pini, 2014.

CARVALHO JÚNIOR, Roberto de. *Instalações Elétricas e o Projeto de Arquitetura*. 6. ed. São Paulo: Blucher, 2015.

CREDER, Hélio. *Instalações Hidráulicas e Sanitárias*. 6. ed. reimp. Rio de Janeiro: LTC, 2014.

_____. *Instalações Elétricas*. 15. ed. Rio de Janeiro: LTC, 2015.

CRUZ, Michele David da. *Projeções e Perspectivas para Desenhos Técnicos*. São Paulo: Érica, 2014.

DE CAMPOS, Marta Maria Rocha Burnay Ferreira. *Em torno do Ensino da Geometria Descritiva*. Lisboa, Portugal, 2012. 80f. (Dissertação), Mestrado em Ensino de Artes Visuais. Universidade de Lisboa.

ESTEPHANIO, Carlos. *Desenho Técnico: uma linguagem básica*. 4. ed. reimp. Rio de Janeiro: C. Estephanio, 1999.

FRENCH, Thomas E.; VIERCK, Charles J. 9. reimp. *Desenho Técnico e Tecnologia Gráfica*. São Paulo: Globo, 2014.

KUBBA, Sam A. A. *Desenho Técnico para construção*. Tradução de Alexandre Salvaterra. Porto Alegre: Bookman, 2014.

LEAKE, James M.; BORGERSON, L. Jacob. *Manual de Desenho Técnico para Engenharia*. Desenho, modelagem e visualização. Tradução de Ronaldo Sérgio de Biasi. 2. ed. Rio de Janeiro: LTC, 2015.

MANFÉ, Giovanni; POZZA, Rino; SCARATO, Giovanni. *Desenho Técnico Mecânico*. São Paulo: Hemus, 2004.

MICELI, Maria Teresa, FERREIRA, Patrícia. 3. ed. *Desenho Técnico Básico*. Rio de Janeiro: Imperial Novo Milênio, 2008.

MONTENEGRO, Gildo A. *Desenho Arquitetônico*. 4. ed. 12. reimp. São Paulo: Blucher, 2014.

NESSE, Flávio José Martins. *Como ler plantas e projetos*. Guia visual de desenhos de construção. São Paulo: Pini, 2014.

PROVENZA, Francesco. *Desenhista de Máquinas – Pro-Tec*. 47. ed. São Paulo: F. Provenza, 1976.

RIBEIRO, Antônio Clélio *et al*. *Curso de Desenho Técnico e AutoCAD*. 1. ed. 2. reimp. São Paulo: Pearson Education do Brasil, 2014.

SALGADO, Júlio. *Instalação Hidráulica Residencial: a prática do dia a dia*. São Paulo: Érica, 2010.

SILVA, Eurico de Oliveira; ALBIERO, Evandro. *Desenho Técnico Fundamental*. 3. ed. São Paulo: EPU, 1977.

SILVA, Arlindo *et al*. *Desenho Técnico Moderno*. 4. ed. reimp. Rio de Janeiro: LTC, 2010.

SPECK, Henderson José; PEIXOTO, Virgílio Vieira. 3. ed. *Manual Básico de Desenho Técnico*. Florianópolis: Editora da UFSC, 2004.

148 Referências

Normas ABNT

ASSOCIAÇÃO BRASILEIRA DE NORMAS TÉCNICAS. *NBR 07191: Execução de desenhos para obras de concreto simples ou armado*. Rio de Janeiro, 1982.

_____. *NBR 6492: Representação de projetos de Arquitetura*. Rio de Janeiro, 1994.

_____. *NBR 8196: Desenho Técnico: emprego de escalas*. Rio de Janeiro, 2000.

_____. *NBR 8402: Execução de caractere para escrita em Desenho Técnico*. Rio de Janeiro, 1994.

_____. *NBR 8403: Aplicação de linhas em desenho – Tipos de linhas – Larguras de linhas*. Rio de Janeiro, 1984.

_____. *NBR 8404: Indicação do estado de superfícies em Desenhos Técnicos*. Rio de Janeiro, 1984.

_____. *NBR 8993: Representação convencional de partes roscadas em Desenhos Técnicos*. Rio de Janeiro, 1985.

_____. *NBR 10067: Princípios gerais de representação em desenho técnico – Procedimento*. Rio de Janeiro, 1995.

_____. *NBR 10068: Folha de desenho: leiaute e dimensões – Padronização*. Rio de Janeiro, 1987.

_____. *NBR 10126: Cotagem em Desenho Técnico – Procedimento*. Rio de Janeiro, 1998.

_____. *NBR 10582: Apresentação de folha para Desenho Técnico – Procedimento*. Rio de Janeiro, 1988.

_____. *NBR 10647: Desenho Técnico. (Terminologia)*. Rio de Janeiro, 1989.

_____. *NBR 12288: Representação simplificada de furos de centro em Desenho Técnico – Procedimento*. Rio de Janeiro, 1992.

_____. *NBR 12298: Representação de área de corte por meio de hachuras em Desenho Técnico*. Rio de Janeiro, 1995.

_____. *NBR 13142: Desenho Técnico: dobramento de cópias*. Rio de Janeiro, 2000.

Índice

1º diedro, 66, 67
    posição das seis vistas ortográficas no, 73
1º triedro, 64
    3D, 23
    3D ou tridimensional, 24
9B, 8
9H, 8

A

ABNT, 2
Aço, 113
AISI, 2
Alumínio, 113
ANSI, 2
API, 2
Área hachurada
    muito delgada, 114
    muito grande, 115
Areia, 113
Arestas
    contornos, linhas de cota, de eixo e centroides
      em vistas ortográficas, 34
    terminando em um ponto, 35
Arquitetura, 18
ASME, 2
AutoCAD, 18
    Plant 3D, 22

B

Base de uma máquina, desenho mecânico, 143
Bidimensional, 58
Bronze, latão e cobre, 113
BSI, 2

C

CAD, 21
Características gerais da escrita, 28
    inclinada, 28
    vertical, 28
Cilindro(s)
    em perspectiva cavaleira, 49
    maciço, 77
Circunferências nas três faces, 50
    perspectiva isométrica de, 50
Comparação
    entre as três vistas ortográficas principais, 82
    entre tipos de perspectiva, 57

Computador, 18
Conceito
    CAD, 21, 24
    CAE, 21, 24
    CAM, 21, 24
    de projeção, 61
      cilíndrica
        oblíqua, 62
        ortogonal, 62
      cônica, 61
Concepção original de Gaspard Monge, 63
Concordância
    entre curvas, 88
    entre retas e curvas, 88
    exemplos, 90-92
Concreto, 113
    considerando
      o 1º diedro, 71
      o 3º diedro, 79
Cordas, 123
Corte, 107
    em desvio, 110
      exemplos de peças, 111
    objeto cortado, 108
    observações gerais sobre, 114
    parcial, 110
      exemplos de peças, 111, 112
    pleno, 108
    total, 108
Cotagem
    da posição de centro de diâmetros maiores, 120
    de ângulos, 124
    de perspectivas isométricas, 126
    de raio, 123
    detalhes especiais, 125
    dos desenhos técnicos projetivos, 117
    equivocada de raio, 123
    exemplo, 127
    horizontal, 118
    passo a passo, 120, 121
    vertical, 118
Cotas
    inclinadas
    paralelas, 119
    representação, 119
Croquis, 2, 9
    de um estudo arquitetônico, 10

150 Índice

de uma peça mecânica, 10
do Museu de Arte Contemporânea, 10
inicial de uma cadeira, 9
Cruzamento, 34
de arestas visíveis ou não, 36
de linhas de eixo ou de centro, 36
de projeção, 73
utilizadas em desenhos técnicos
projetivos, 29

D

Desenhando
em escala, 38
letras, números, símbolos e linhas, 27
Desenho
à mão livre em perspectiva isométrica, 14
da perspectiva isométrica, 13
das formas de um pavimento, 145
de isométrico de tubulação, 141
de um ginásio de escola, 41
de um prisma retangular, 14
em planta e corte de continuidade de
pilares, 145
geométrico, 8
industrial, 18
mecânico da base de uma máquina, 140
proporcional para *croquis*, 43
técnico, 1
à mão livre, 9
auxiliado por computador, 18
de uma peça mecânica em perspectiva, 15
em vistas ortográficas, 15
ensino e aprendizado do, 18
formatos padronizados das folhas de, 4
linguagem gráfica universal, 1
não projetivo, 1, 15
das etapas do projeto de um
produto, 17
de um circuito elétrico, 16
de um organograma funcional, 16
do esquema de um sistema de produção
industrial, 16
o que é, 1
por que se deve estudar, 1
procedimentos básicos para
execução do, 11
Desenhos
2D, 22
à mão livre
com linhas de arestas, de centro, contornos
e cortes parciais de circunferências, 32
continuação, 34
de arestas e linhas de centro de
circunferências, 31

Detalhes de peças com características especiais e
representações convencionais, 103
casos anômalos, 104
especiais de cotagem, 125
na composição de cotagens horizontais e
verticais, 118
Diâmetros de círculos e furos, 120
Dicas para a execução de esboços, 11
em perspectiva isométrica, 11
em vistas ortográficas, 11
Dimensões dos formatos, 4
DIN, 2
Distância entre linha de cota e contorno do
desenho, 119
Dobramento
de um formato
A0, 6
A1, 7
A2, 7
A3, 7
normatizado, 6
D-Shape, 25

E

Elementos para a cotagem de uma dimensão, 117
Engenharia, 18
Auxiliada por Computador (CAE), 24
ensino
da Geometria Descritiva, 18
e aprendizado do Desenho Técnico, 18
Épura, 9, 65
Esboço, 9
Escala(s), 38
gráfica, 38
simples, 38
numérica, 39
de ampliação, 39
de redução, 39
natural, 39
usadas em desenhos técnicos, 43
Escalímetro, 39
Escolha da perspectiva melhor visão
tridimensional, 57
Espaçamento entre linhas de cotas, 119
Etapas da impressão 3D, 25
Execução de caractere para escrita em Desenho
Técnico, 27
Exemplo(s)
da planta baixa do 1º pavimento de
uma casa, 138
de cotagem, 127
em perspectivas, 127
em vistas ortográficas, 127
de outros tipos de seções, 113
de seções em um eixo, 112

Índice **151**

F

Fabricação rápida de protótipos, 24
Ferro fundido, 113
Figura em corte C–C, 109
Forma de cotar diâmetros concêntricos, 121
Formatos padronizados das folhas de desenhos
   técnicos, 4
      dimensões dos formatos, 4

G

Gaspard Monge, concepção original de, 63
Geometer's Sketchpad, 22
Geometria descritiva, 8
      ensino da, 18
Giuliano de Sangalo, 62
Grafites
      mais duros, 8
      mais macios, 8
      tipos utilizados, 3, 8
      usados em desenhos técnicos, 8

H

Hachuras, tipos, 113
Hexaedro básico, 71
      considerando o 1º diedro, rotação ou
         rebatimento dos planos do, 71
      considerando o 3º diedro, rotação ou
         rebatimento dos planos do, 79
      no 1º diedro, visualização espacial e projetiva de
         uma peça, considerando o, 77
Howard Gardner, 19

I

Ideia de profundidade ou três dimensões, 45
Importância do desenho técnico à mão livre, 8
Impressão, 23, 24
Indicação de chanfros de 45°, 125
Instalação elétrica de uma residência, 139
Instrumentos clássicos, 18
Inteligência
      lógico-matemática, 1, 19
      pictórica, 1, 20
      viso-espacial, 1, 19
Interseção de linhas, 34
Introdução
      à representação gráfica espacial, 45
      ao desenho técnico projetivo aplicado, 138
ISO, 2

J

Janjaap Ruijssenaars, 25
JIS, 2

L

Leque de cotas, 118
Letras, números e símbolos matemáticos, 27
Linha(s)
      de chamada, 117
      de cota, 117
         horizontal, 119
            dentro do desenho, 119
         vertical, 119
            dentro do desenho, 119

M

Manufatura Auxiliada por Computador (CAM), 24
Maquete eletrônica, 23
Material básico clássico, 2
Meio corte, 109
      peça em, 109
Mesma peça em perspectivas diferentes, 56
Metal
      branco, 113
      de mancais, 113
Método de Monge, 62
Modelagem
      e documentação de plantas PDMS, 22
      mecânica 3D, 22

N

NBR
      6409/97, 3
      6492/94, 3
      7191/82, 3
      8196/99, 3, 42
      8402/94, 3
      8403/84, 3
      8404/84, 3
      8993/85, 3
      10067/95, 3, 73
      10068/87, 3
      10126/87, 3
      10582/88, 3
      10647/89, 2, 3
      11145/90, 3
      11534/91, 3
      12298/95, 3
      13142/99, 3
      13272/99, 3
      13273/99, 3
      14611/2000, 3
      14699/2001, 3
      14957/2003, 3
      ISO 2768, 3
Nó de uma estrutura metálica, 143
Normas técnicas, 2
      aplicáveis aos desenhos técnicos projetivos, 2

152 Índice

O

Objeto
    com apenas duas vistas, 76
    cortado, 108
    não paralelos aos planos π, π' e π'', 69, 70
    paralelos aos planos π, π' e π'', 68
Observação sobre perspectiva e vista
    ortográfica, 58
Origem e detalhes das vistas ortográficas, 61

P

Peça(s)
    cotadas
        em perspectivas, 128-132
        em vistas ortográficas, 128-132
    em corte total, 108
        duplo, 109
    em meio corte, 109
    em perspectiva isométrica, passo a passo para
        desenhar, 52, 53
    isolada, composta por vários elementos
        geométricos, 93
    mecânica
        desenhada em cinco opções de
            perspectiva, 58
        desenhada em perspectiva
            cavaleira a 30°, 49
    que exige vista auxiliar, 98, 99
Perpendicularidade e angularidade de arestas, 35
Perspectivas, 8, 45
    cavaleira, 48
        cilindros em, 49
        peça mecânica desenhada em, 49
        prisma em, 48, 49
    cilíndrica
        axiométrica, 45
        oblíqua, 48
    comparação entre tipos de, 57
    cônica, 45, 46
        aplicada à arquitetura, 47
        poliedros em, 47
    de conjunto de peças, 59
    dimétrica, 55
        de um cubo, 55
        de uma peça com particularidades
            dimensionais, 55
    e vista ortográfica observação sobre, 58
    exata, 46
    isométrica, 50
        de circunferências nas três faces, 50
        de uma peça mais complexa, traçado, 54
        poliedros em, 50
    ponto de fuga, 46

que apresenta a melhor visão tridimensional,
    escolha da, 57
trimétrica, 56
    desenho em, 56
Planificação dos três planos de projeções, 65
Plano de perfil, 63
Planta, 73
    baixa do 1º pavimento de uma casa, 138
    de tubulação industrial, 144
Poliedros em perspectiva isométrica, 50
Pontos para cotagem correta, 123
Posição das seis vistas ortográficas no
    1º diedro, 73
Precedência de linhas, 34
Principais escalas usadas em desenhos
    técnicos, 43
Prioridade entre linhas coincidentes, 34
Prisma em perspectiva cavaleira, 48
    a 30°, 48
    a 45°, 48
    a 60°, 48, 49
Procedimentos básicos para execução dos
    desenhos técnicos, 11
Processo para desenho de uma circunferência em
    perspectiva isométrica, 51
Programas comerciais de computador e desenho
    técnico, 21
Projeção cilíndrica
    ortogonal de um objeto em dois planos, 64
    perpendicular, 9
        projetivo, 8, 15, 63
        aplicado, 138
            introdução ao, 138
        composto por uma série de elementos
            geométricos, 93
        cotagem do, 117
        de arquitetura, 15
        de uma blusa, 15
        execução, 8
        linhas utilizadas em, 29
        sequência para o traçado de um desenho
            técnico, 88
        símbolos incorporados ao, 122
        sobre estudo para projeto, 17
        tipos de linhas, descrição e aplicações
            em, 30
Projeto
    Auxiliado por Computador (CAD), 24
    conceitual do frasco, 18
    e prototipagem rápida, 23
Prolongamento de arestas visíveis ou não, 35
Proporções e dimensões de símbolos gráficos, 29

Q

Quadrado isométrico, 14
Que grafite usar, 8

Índice **153**

R

Raios de arcos, 123
Rascunho, 9
Rebatimento de vista, 101
    exemplos, 101, 102
Representação(ões)
    convencionais, 103
    em três vistas, 63
    gráfica
        das hachuras, 113
        pelo desenho técnico projetivo, 62
Retificações, 123
Rotação
    de detalhes oblíquos, 101
        exemplos, 101, 102
    ou rebatimento dos planos do hexaedro
        básico, 71

S

Seções, 107, 110
    exemplos em um eixo, 112
Seis vistas ortográficas no 3º diedro, 80
Sequência para o traçado de um desenho técnico
    projetivo, 88
Seta, 117
    aberta, 117
    fechada, 117
Símbolos incorporados ao desenho técnico, 122
Situações especiais, soluções específicas de
    seções de corte adotadas em desenhos
    mecânicos para, 114
SketchUp, 22
Smart plant, 22
Software *AutoSketch*, 22
Suporte especial com a perspectiva cavaleira em
    meio corte, 110

T

Terceiro plano de projeção, 63, 64
Terra, 113
Traçado da perspectiva isométrica de uma peça
    mais complexa, 54
Tracinho, 117
Três vistas ortográficas principais, 66
Tridimensional, 24, 45, 58
Tubulação industrial em vista frontal, 142

U

Usando as perspectivas: cônica, cavaleira,
    isométrica, dimétrica e trimétrica, 45
Uso da escala na prática, 42

V

Valor numérico da dimensão, 117
Verdadeira grandeza das arestas, 68
Visão espacial de um objeto projetado em três
    planos, 65
Vista(s)
    anterior, 73
    auxiliar, 96
        conceito, 97
        peças que exigem a execução de, 99
    com características e particularidades
        especiais, 96, 103
            detalhes de peças, 103
                casos anômalos, 104
    de baixo, 73
    de cima, 73
    de frente, 73
    de trás, 73
    deslocada, 96, 100
        exemplos, 100
    explodida, 59
    frontal, 73
    inferior, 73
    interrompida, 96, 101
        conceito e exemplo, 101
    lateral direita, 73
    ortográficas, 8
        à mão livre, 12
        arestas, contornos, linhas de cota, de eixo e
            centroides em, 34
        om duas dimensões, 45
        em seis planos, 71
        origem e detalhes, 61
    parcial, 96, 100
        exemplos, 100
    posterior, 73
    secional, 107
    superior, 73
Visualização espacial e projetiva de
    uma peça, 77

Impressão e acabamento: